职业教育改革与创新系列教材

工业机器人技术综合实训

主 编 杜 俊 黄俊清 李 英
副主编 娄丽莎 朱智鹏
参 编 王巧云 高 杨 康如意 李晓琴

机械工业出版社

本书是为贯彻国务院印发的"职教20条"文件精神，落实"新型活页式、工作手册式"职业教育教材的类型要求而编写的。本书内容安排遵循以学生为中心、以职业能力为本位、以成果导向为理论支撑的原则，充分体现职业教育是"学习如何工作的教育"。本书面向中等职业学校学生，是校企双元合作开发的新型活页式、工作手册式能力本位教材。

本书以ABB六轴工业机器人为载体，以工业机器人典型工作任务为主线，以实际应用为主要目的，将理论知识与技能训练进行有机结合，围绕工业机器人的基础知识和基本技能进行了详细的讲解，主要内容有工业机器人实训室的"8S"管理、工业机器人系统的相关知识、工业机器人的基本操作、工业机器人手动操作、工业机器人仿真工作站的建立、工业机器人图形绘制、工业机器人码垛工作、工业机器人搬运工作、工业机器人焊接工作、工业机器人的维护。

本书适合作为中等职业学校工业机器人技术、机电技术应用等相关专业的实训教材，也可作为从事工业机器人技术应用相关工作的工程技术人员的培训和自学用书。

为方便教学，本书配套电子课件、教学视频（二维码形式）等资源，选择本书作为授课教材的教师可以登录机械工业出版社教育服务网（www.cmpedu.com）注册并免费下载。

图书在版编目（CIP）数据

工业机器人技术综合实训/杜俊，黄俊清，李英主编. —北京：机械工业出版社，2023.6（2025.7重印）

职业教育改革与创新系列教材

ISBN 978-7-111-73195-5

Ⅰ.①工… Ⅱ.①杜… ②黄… ③李… Ⅲ.①工业机器人-中等专业学校-教材 Ⅳ.①TP242.2

中国国家版本馆CIP数据核字（2023）第091317号

机械工业出版社（北京市百万庄大街22号　邮政编码100037）
策划编辑：赵红梅　　　　　　责任编辑：赵红梅
责任校对：张亚楠　梁　静　　封面设计：张　静
责任印制：单爱军
中煤（北京）印务有限公司印刷
2025年7月第1版第3次印刷
285mm×210mm·10.75印张·357千字
标准书号：ISBN 978-7-111-73195-5
定价：45.00元

电话服务	网络服务
客服电话：010-88361066	机 工 官 网：www.cmpbook.com
010-88379833	机 工 官 博：weibo.com/cmp1952
010-68326294	金　书　网：www.golden-book.com
封底无防伪标均为盗版	机工教育服务网：www.cmpedu.com

前　言

本书是为了全面深入贯彻教育部关于做好"十四五"职业教育规划教材建设工作，以规划教材为引领，建设中国特色高质量职业教育教材体系的精神，落实立德树人根本任务，充分体现社会主义核心价值观，实现专业与职业岗位对接、专业课程内容与职业标准对接，适应教学做一体化教学模式而编写的实训教材。

本书根据工业机器人系统操作员国家职业标准进行编写，以十个真实生产项目为载体，内容包括工业机器人安装和维护保养、工业机器人的实际应用、仿真软件 RobotStudio 的基本操作等。工业机器人知识和技能操作都以任务的形式呈现，通过任务驱动每一个教学单元进行知识传授和技能训练，并在其中体现了"8S"管理理念，帮助学生养成精益求精的职业习惯，体会严谨的工匠精神。

本书符合中等职业学校学生认知规律及技术技能人才成长特点，对接国际先进职业教育理念，突出理论和实践相统一，强调实践性，内容上力求涵盖工业机器人系统操作员工作岗位实际需要具备的知识和技能。

本书内容图文并茂，形式新颖，在必要的位置配以动画、视频等多媒体教学资源，以便更有效地帮助读者学习。本书在编写过程中吸收了工业机器人的新技术、新工艺、新规范，既有通俗易懂的工业机器人基础知识讲解，又有工业机器人工作站应用的分析与介绍。为了更清晰地展现工作过程，本书在具体版面设计上，采用横版编排，分为左、右对称的两部分，左侧为职业活动，右侧为支撑职业活动得以开展的专业知识，是一本典型的理实一体化教材。

本书由包头机械工业职业学校杜俊、内蒙古一机集团瑞特公司黄俊清、包头机械工业职业学校李英担任主编，包头职业技术学院娄丽莎、潍坊职业学院朱智鹏担任副主编，参与编写的还有包头机械工业职业学校王巧云、高杨、康如意和李晓琴。其中，杜俊负责整体教材的结构设计、统稿、审核，并负责编写项目一（部分）、项目五和项目十（部分），黄俊清负责编写项目十（部分），李英负责编写项目二（部分）、项目八、项目九，娄丽莎负责编写项目七、朱智鹏负责编写项目三，王巧云负责编写项目六，高杨负责编写项目四，康如意负责编写项目一（部分），李晓琴负责编写项目二（部分）。在本书编写过程中，亚龙智能装备集团股份有限公司和北京华航唯实机器人科技股份有限公司提供了许多宝贵的经验和建议，并提供了大量的素材，对教材的编写工作给予了大力支持及指导，在此一并表示感谢。

因编者水平有限，书中难免有错漏之处，恳请读者批评指正。

编　者

二维码索引

页码	名称	图形	页码	名称	图形	页码	名称	图形
8	工业机器人操作注意事项		27	初识ABB示教器		54	重定位运动的手动操作	
8	工业机器人使用过程中的安全规范		29	示教器的设置		54	重定位运动	
14	ABB工业机器人		34	工业机器人常用信息与事件日志的查看		61	工业机器人在线编程概述	
15	工业机器人的系统组成		35	示教器的基本操作		61	工业机器人离线编程概述	
22	控制柜与机器人本体的连接		39	工业机器人的手动操作		80	工具数据tooldata设定	
22	工业机器人控制柜的组成		46	单轴运动的手动操作		82	工具坐标tooldata	
27	工业机器人的开关机		50	线性运动的手动操作		83	工具坐标tooldata的设定	

(续)

页码	名称	图形	页码	名称	图形	页码	名称	图形
84	工件坐标数据 wobjdata		101	圆弧运动指令 MoveC		122	FUNCTION 功能的使用	
84	工件坐标 wobjdata 设定		108	工业机器人码垛演示		123	条件逻辑判断指令	
90	RAPID 程序		109	DSQC 总线的连接		151	ABB 机器人的转数计数器更新操作	
91	运动指令特性分析		111	数字输入信号的配置		153	ABB 机器人微校	
94	坐标系的定义及机器人坐标系的分类		114	数字输出信号的配置				

目　　录

前言

二维码索引

项目一　工业机器人实训室的"8S"管理 ……………………… 1
 任务一　"8S"管理认知 ……………………………………… 2
 任务二　工业机器人实训室日常检查 ……………………… 5
 任务三　工业机器人安全操作 ……………………………… 8

项目二　工业机器人系统的相关知识 ………………………… 13
 任务一　工业机器人系统认知 ……………………………… 14
 任务二　工业机器人系统安装 ……………………………… 19
 任务三　工业机器人系统检测 ……………………………… 27

项目三　工业机器人的基本操作 ……………………………… 33
 任务一　工业机器人示教器基本操作 ……………………… 34
 任务二　工业机器人示教点定义 …………………………… 38

项目四　工业机器人手动操作 ………………………………… 45
 任务一　工业机器人单轴运动 ……………………………… 46
 任务二　工业机器人线性运动 ……………………………… 50
 任务三　工业机器人重定位运动 …………………………… 54

项目五　工业机器人仿真工作站的建立 ……………………… 58
 任务一　仿真软件 RobotStudio 安装 ……………………… 59
 任务二　仿真软件 RobotStudio 基础操作 ………………… 65

 任务三　工业机器人仿真工作站建立 ……………………… 71

项目六　工业机器人图形绘制 ………………………………… 79
 任务一　工业机器人坐标系设定 …………………………… 80
 任务二　工业机器人绘制直线图形 ………………………… 90
 任务三　工业机器人绘制圆形 ……………………………… 101

项目七　工业机器人码垛工作 ………………………………… 108
 任务一　工业机器人的通信设置 …………………………… 109
 任务二　码垛运行计时程序编写 …………………………… 116
 任务三　工业机器人码垛程序编写 ………………………… 122

项目八　工业机器人搬运工作 ………………………………… 128
 任务一　工业机器人搬运工作准备 ………………………… 129
 任务二　工业机器人搬运程序编写 ………………………… 132

项目九　工业机器人焊接工作 ………………………………… 137
 任务一　工业机器人焊接工作站准备 ……………………… 138
 任务二　焊接机器人程序编写 ……………………………… 144

项目十　工业机器人的维护 …………………………………… 150
 任务一　转数计数器的更新 ………………………………… 151
 任务二　工业机器人电池检查及更换 ……………………… 158
 任务三　工业机器人故障代码查询 ………………………… 161

参考文献 ………………………………………………………… 165

项目一　工业机器人实训室的"8S"管理

一、项目描述

依据学校推行的"8S"管理制度，在工业机器人实训中，对"8S"管理进行深刻认识和体会。

二、项目要求

1）通过多种方法，逐渐将"8S"理念贯穿于整个学习中。
2）按照"8S"管理要求，对工业机器人实训室进行整理并保持。

三、项目目标

1）了解"8S"管理的历史发展，并掌握"8S"管理的具体内容。
2）掌握工业机器人的使用日检规范。
3）掌握工业机器人的操作规范。
4）了解工业机器人的安全操作步骤。
5）培养学生自觉遵守工业机器人国家职业标准和要求的规定，规范操作过程，保持实训环境符合"8S"管理要求，帮助学生养成精益求精的职业习惯。
6）学生能够具备正确思维和创新意识。

四、项目学习载体

本项目"8S"管理制度标语，如图1-1所示。

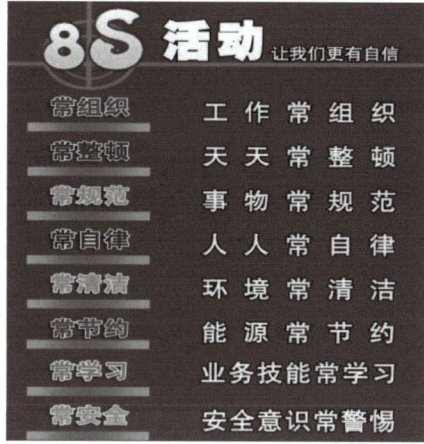

图1-1　"8S"管理制度标语

任务一　"8S"管理认知

"8S"管理

步骤一：实施"8S"管理步骤

1. 整理
1) 对环境现场的物品进行检查。
2) 区分必需品和非必需品。
3) 清理非必需品。
4) 每天循环整理。

2. 整顿
1) 分析现场环境的物品。
2) 对物品进行分类。
3) 根据现场实际情况，决定储存方法。

3. 清扫
1) 准备清扫所需工具。
2) 扫除一切垃圾，擦除所有灰尘。
3) 清扫擦拭机器设备。
4) 整理在清扫中发现问题的地方。

4. 清洁
1) 明确前"3S"管理的具体步骤和要求。
2) 整理并区分工作区的必需品和非必需品。
3) 撤走所有非必需品。
4) 整顿好规定必需品的摆放。
5) 统一规定工具物品摆放方法。
6) 进行标识。
7) 清扫并在地板上划出区域线，明确各负责区和负责人。

5. 素养
1) 制定共同的有关规定、规则。
2) 制定服装、仪容、识别标准。
3) 制定礼仪守则。

相关知识

一、"8S"管理的发展

"8S"管理是在"5S"管理的基础上，结合现代企业管理的需求，增加"3S［安全（SAFETY）、节俭（SAVE）、学习（STUDY）］"形成的管理制度。"8S"管理在塑造企业的形象、降低成本、准时交货、安全生产、高度标准化、打造舒适的工作场所、改善现场等方面发挥了巨大作用，逐渐被各国的管理界所认识，已经成为企业管理的一股新潮流。

"8S"管理包括整理（SEIRI）、整顿（SEITON）、清扫（SEISO）、清洁（SEIKETSU）、素养（SHITSUKE）、安全（SAFETY）、节约（SAVE）、学习（STUDY）8项，因其罗马发音均以"S"开头，所以简称为"8S"。"8S"管理是指对生产现场各生产要素（主要是物的要素）所处状态不断进行整理、整顿、清扫、清洁、提高素养、注重安全、厉行节约和认真学习的活动，其目的是提升员工素质，创造并保持安全、整洁、有序的工作环境，以提高工作效率，保证产品质量。

二、"8S"管理内容

1. 整理

将工作场所的所有物品区分为有必要的和没有必要的，有必要的留下来，没有必要的都撤掉。目的在于腾出空间，空间活用，防止误用，打造清爽的工作场所。

整理的关键是制定合理的判断基准，如果判断基准没有可操作性，将无法实施整理。判断基准主要有三个，即"要与不要"的基准、"场所"的基准、废弃处理的基准。

2. 整顿

把留下来的必要物品依规定位置摆放，并放置整齐加以标识。目的在于工作场所物品摆放位置一目了然，减少寻找物品的时间，保持整整齐齐的工作环境，清除过多的积压物品。

整顿的三要素是场所、方法和标识；整顿的三定原则是定点、定容和定量。

4）"8S"训练实践。

6. 安全
1）制定现场安全操作规范。
2）规定统一着装要求。
3）明确预防火灾的措施。
4）明确应急措施。
5）明确日常检查和操作管理。

7. 节约
1）落实整理、整顿工作，消除空间上的浪费。
2）遵循时间的科学使用法，提高工作效率。
3）制订合理的能源或资源使用标准，减少浪费。

8. 学习
1）学习专业技术知识，增强自身技能水平。
2）学习他人长处。
3）提升自己综合素质。

步骤二：综合实施"8S"管理

培养良好的"8S"管理习惯，是推行"8S"管理的最终目的，是成功推行"8S"管理的标志。

一是每一位学生都要有严格遵守规章制度、学习纪律的意识，创造一个具有良好风气的学习场所。

二是严格遵守实训室管理规范和学习行为规范，加强自律意识，持续保持良好的习惯。

三是有意识地培养自主学习习惯，提升自身坚持思考问题和解决问题的能力。

四是有安全意识，重视安全不但可以预防事故发生、减少不必要的损失，更是自身生命安全、生活幸福的保障。

3. 清扫

清扫包括清除环境脏污之处和设备故障两方面的内容。清扫的要领包括责任化、标准化和污染源改善处理。

所谓责任化，就是要明确责任和要求。在"8S"管理中，经常采用"8S"区域清扫责任表来确保责任化。在责任表中，对清扫区域、清扫部位、清扫周期、责任人、完成目标情况都应有明确的要求，提醒现场操作人员和责任人员需要做哪些事情，有些什么要求，明确用什么方法和工具去清扫。

4. 清洁

清洁是在整理、整顿、清扫等管理工作之后，认真维护已经取得的成果，保持现场的完整和最佳状态，并使其成为制度和常态化。同时，对已经取得的良好成绩，不断地进行持续改善，使之达到更高的标准。

5. 素养

素养是指通过推行"8S"管理，提高员工素质，促使每位成员养成良好的遵守规章制度的习惯，并具有积极主动的精神。

6. 安全

推行安全管理需要通过下述措施进行。首先彻底推行整理、整顿、清扫"3S"管理，然后对整个实训室进行安全隐患识别，并正确地使用标识，各个小组进行安全巡视，强化小组安全管理。

7. 节约

节约是指对时间、空间、能源等方面的合理利用，使它们发挥出最大的效能，减少人力、成本、空间、时间、物料的消耗。让大家养成降低成本的习惯，加强作业人员的节约意识，养成勤俭节约的好习惯，提升个人素质。

8. 学习

学习是指深入学习各项专业技术知识，从实践和书本中获取知识，不断地学习他人长处从而达到完善自我、提升自己综合素质的目的。

"8S"管理之间是彼此关联的，整理、整顿、清扫是具体内容；清洁是将过去"3S"管理实施的做法制度化、规范化，并贯彻执行及维持结果；素养、节约、学习是培养每位操作人员养成良好的习惯，并遵守规则做事，开展"8S"管理容易，但长时间维持必须靠素养的提升；安全是基础，要尊重生命，杜绝违规。

任务一测评

1. 知识测评

确定本任务关键词,按重要程度进行关键词排序并举例解读。

根据自己对重要信息的捕捉、排序、表达、创新和划分权重的能力进行自评,满分100分,见表1-1。

表1-1 "8S"管理知识测评表

序号	关键词	举例解读	评分自定
1			
2			
3			
4			
5			
6			
7			
8			
		总分	

2. 能力测评

完成表1-2所列作业内容评分,操作规范可得分,操作错误或未操作得零分。

表1-2 "8S"管理能力测评表

序号	能力点	配分	得分
1	"8S"管理内容的识记	60	
2	"8S"管理初步实施	40	
	总分	100	

3. 素养测评

完成表1-3所列素养点评分,做到可得分,未做到得零分。

表1-3 "8S"管理素养测评表

序号	素养点	配分	得分
1	学习纪律	20	
2	学习"8S"管理的态度	20	
3	严谨认真、一丝不苟精神	20	
4	互相帮助、团队精神	20	
5	学习环境符合"8S"管理要求	20	
	总分	100	

4. 拓展训练

制作关于"8S"管理演示文稿,用5min时间向本组同学讲解"8S"管理。

任务二 工业机器人实训室日常检查

工业机器人实训室日常检查

步骤一：紧急停止按钮检查

检查方法：分别按下控制柜和示教器上的"紧急停止"按钮，确认示教器界面是否显示自诊断信息，是否显示报警界面。当确认按下"紧急停止"按钮有效后，顺时针方向旋转"紧急停止"按钮，确认界面上的紧急停止报警信息是否消失。

以上信息均显示正常，则认为"紧急停止"按钮有效，可以进行下一步的检查。

"紧急停止"按钮如图 1-2 所示。

图 1-2 "紧急停止"按钮

步骤二：安全门或安全栅栏检查

检查方法：确认工业机器人处于停止状态、控制柜模式开关处于 AUTO 位置、工业机器人没有显示任何报警信息。

拉开安全门，确认界面是否显示自诊断信息，是否显示报警界面。关上安全门后按下系统复位按钮，确认界面上的门开关报警信息是否消失。

步骤三：实训室"8S"管理检查

1）机器人周边区域必须保持清洁（无油、水及杂质）。

2）要认真将各自的设备和零件收拾整理好。应按规定程序关闭机器，整理、检查实验室内设备，交给有关人员验收。

3）保持实训室整洁安静。不准大声交谈、喧哗、走动、打闹，不擅自开窗，严禁带食物、饮料进入实训室，不准乱丢纸屑、杂物，不准在设备、桌椅、墙壁上乱涂乱刻。

4）工业机器人检查。

控制柜是控制工业机器人的中枢，任何对控制柜的误操作都可能产生电击和工业机器人的误动作，这会对人身和设备造成伤害和损坏。

相关知识

一、工业机器人运行检查

ABB 六轴工业机器人 IRB120 维护保养时间间隔见表 1-4。

表 1-4 ABB 六轴工业机器人 IRB120 维护保养时间间隔

检查项目	维护方法	间隔
阻尼器，轴 1、2、3	检查	定期
电缆线束	检查	定期
同步带	检查	12 个月
外壳	检查	定期
机械停止装置	检查	定期
完整机器人	清洁	定期

1. 工业机器人本体机械噪声及异响检查

在运行期间，电动机、减速机和轴承不应发出机械噪声，如果有机械噪声或异响要报告教师进行处理。造成工业机器人本体机械噪声及异响的主要原因如下：

1）发出噪声的轴承没有充分的润滑，检查润滑油情况。

2）电动机轴承可能发生损坏，但是电动机内的轴承不能单独更换，只能更换整个电动机。

3）减速机有可能过热。减速机过热可能由以下原因造成：

① 使用润滑油质量不高或油面高度不正确。

② 工作中特定关节轴运行困难。

③ 减速机内压力过大。

2. 润滑油泄漏检查

电动机或减速机周围的区域可能出现润滑油泄漏现象，如果泄漏量非常少，除了污染外表，不会有严重后果。如果泄漏量多，漏油会润滑电机制动闸，造成关机时控制失效。建议采取以下措施进行维护：

1）检查电动机和减速机之间的密封装置和垫圈是否完好。

不要随意地按动操作键，否则可能造成工业机器人产生不可预料的动作，引起人身伤害和设备损坏。

在进行控制柜与工业机器人、外围设备间的配线及配管时，需采取防护措施，如将配管、配线或电缆从线槽内穿过或加保护盖予以遮盖，以免被人踩坏或被叉车辗压损坏。操作人员和其他人员可能会被明线、电缆或管路绊住，造成这些物品的损坏，这样会造成机器人出现非正常动作，以致人身伤害或设备损坏。

操作人员在操作前需仔细阅读并理解操作、示教、维护等安全事项。连接电源电缆前，请确认供电电源电压、频率、电缆规格符合要求，并确保机器人控制箱可靠接地，确认外部动力电源包含控制电源、气源能被切断。

5）维护。

工作结束时，应使机器人回到工作原点位置或安全位置。严禁在控制柜内随便放置配件、工具、杂物等。

运行机器人程序时，应密切观察机器人的动作，左手应放在"紧急停止"按钮上，右手放在停止按钮上，当出现机器人运行路径与程序不符或出现紧急情况时，应立即按下按钮。

严格遵守并执行机器人的日常检查与维护，填写工业机器人实训室日常检查表，具体内容见表1-5。

表1-5 工业机器人实训室日常检查表

编号	检查项目	要求标准	方法	1	2	3	4	5
1	本体及控制柜清洁,四周无杂物	无灰尘、异物	擦拭					
2	保持通风良好	清洁无污染	测					
3	示教器屏幕显示是否正常	显示正常	看					
4	示教器控制器是否正常	可正常控制机器人	试					
5	检查安全防护装置是否运行正常，"紧急停止"按钮是否正常等	安全装置运行正常	测试					
6	气管、接头、气阀有无漏气	密封性完好,无漏气	听、看					
7	检查电机运转声音是否异常	无异常声响	听					
确认人签字								

2）检查减速机中润滑油的油面高度是否正常。

3）检查减速机是否过热。

3. 检查工业机器人外壳是否有裂纹或损坏

如果存在损坏现象要及时更换。

二、电气检查

1）进入工业机器人工作区域之前，关闭连接到工业机器人的所有电源、液压源和气压源。

2）目视检查工业机器人与控制柜之间的控制布线是否有磨损、切割或挤压损坏现象。

3）目视检查液路和气路是否有漏液或漏气现象。

三、阻尼器和机械停止装置检查

在工业机器人运行之前需要检查机械停止装置。

ABB六轴工业机器人IRB120的轴1、轴2和轴3均设有机械停止装置。在轴1的运动极限位置有机械止动销，如图1-3a所示；轴2和轴3的运动极限位置有机械停止挡块，如图1-3b和c所示，用于限制轴运动范围，满足工业机器人在应用中的需要。出于安全的原因，操作人员要定期点检所有的机械止动销及机械停止挡块是否完好，功能是否正常。

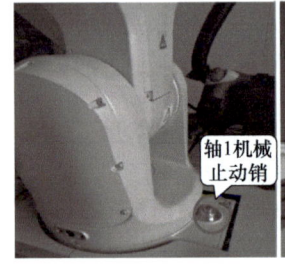
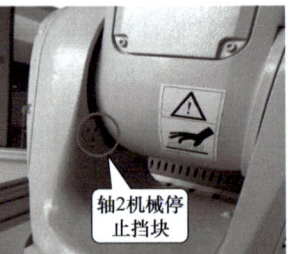
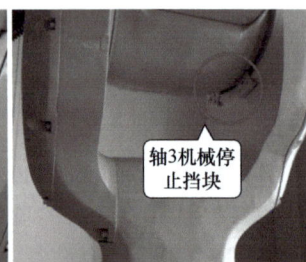

a）轴1的机械止动销　　b）轴2机械停止挡块　　c）轴3机械停止挡块

图1-3 机械停止装置

目测检查机械停止装置时，如果出现机械停止装置弯曲、松动或损坏时，则需要进行更换。

任务二测评

1. 知识测评

确定本任务关键词，按重要程度进行关键词排序并举例解读。

根据自己对重要信息的捕捉、排序、表达、创新和划分权重的能力进行自评，满分100分，见表1-6。

表1-6　工业机器人实训室日常检查知识测评表

序号	关键词	举例解读	评分自定
1			
2			
3			
4			
5			
		总分	

2. 能力测评

完成表1-7所列作业内容评分，操作规范可得分，操作错误或未操作得零分。

表1-7　工业机器人实训室日常检查能力测评表

序号	能力点	配分	得分
1	检查阻尼装置和机械停止装置	30	
2	按照"8S"管理要求的内容	30	
3	检查电气部件	40	
	总分	100	

3. 素养测评

完成表1-8所列素养点评分，做到可得分，未做到得零分。

表1-8　工业机器人实训室日常检查素养测评表

序号	素养点	配分	得分
1	学习纪律	20	
2	工具使用、摆放	20	
3	严谨认真、一丝不苟精神	20	
4	互相帮助、团队精神	20	
5	学习环境符合"8S"管理要求	20	
	总分	100	

4. 拓展训练

找出实训室工业机器人的机械停止装置和阻尼器，并指认给本组同学。

任务三　工业机器人安全操作

机器人开关机操作

步骤一：着装安全

操作工业机器人时，着装规范如下：

1）穿着适合自己型号的工作服，不得穿宽松的衣服。
2）操作工业机器人时不允许戴手套。
3）衬衫和领带不要从工作服内露出。
4）不得佩戴首饰，如耳环、戒指或手链等。
5）进入工业机器人工作区域必须戴安全帽和更换安全鞋。
6）操作工业机器人的人员不能披头散发。
7）操作工业机器人的人员的手指甲不能太长。

步骤二：操作过程安全

1）操作工业机器人时，尽量在其动作范围外进行示教工作，如需要手动控制工业机器人，应确保工业机器人动作范围内无任何人员或障碍物。

2）绝不允许操作人员进入工业机器人自动运行模式下动作范围内，绝不允许其他无关人员进入工业机器人运动范围内。

3）在工业机器人动作范围内进行示教工作时，应注意以下几点：

① 始终从工业机器人的前方进行观察，不要背对工业机器人进行作业。
② 始终按预先制定好的操作程序进行操作。
③ 如果因为进行示教等作业必须接近工业机器人时，注意不要被关节部位卡住。
④ 始终预防工业机器人发生未预料的动作，确保自己在紧急的情况下有退路。

4）绝不能强行扳动工业机器人的轴。
5）在操作期间，绝不允许非工作人员触动工业机器人操作按钮。
6）示教器和示教器电缆不能放置在变位机上，应随身携带或挂在操作位置。

相关知识

一、安全知识

工业机器人的运动速度可以达到1000mm/s，可以在很短的时间高速度运动很大的距离，所以要以"安全第一、预防为主"为原则小心谨慎地进行操作。

工业机器人操作人员必须熟悉了解《机器人操作手册》及《机器人编程手册》中工业人员进行操作的权限限制及应该注意的安全事项。

工业机器人操作注意事项

注意：没经过培训的人员，严禁操作工业机器人！

1. 编制程序安全要求

在编制工业机器人程序时，应先模拟现场位置，得出工业机器人的最佳安装位置，包括工业机器人的安装高度。同时还要注意以下情况：

1）工业机器人的运行路径要避免第4轴运动过大及第5轴0°时情况。
2）工业机器人走直线运动时，要避免某一轴运动过多，尽量做到平衡。
3）第2轴的最佳角度范围为0°左右，第3轴的最佳角度为90°左右，不能有第3轴跟第2轴成直线的情况出现。

2. 调试过程安全要求

1）定期对设备进行检查，确认各设备的状况良好。
2）调试工业机器人时，如果设备有安全光栅，应先检查安全光栅是否正常。
3）调试时严禁身体的任何部分进入工业机器人集成系统围栏内部。
4）当出现故障时，一定要确认系统中各设备的状态，确认各设备的自动程序都已终止后才可以处理故障。
5）在现场操作时，必须二人在现场，一人调试机器，另外一人在旁边监督，确认能在紧急情况下紧急停止。

工业机器人使用过程中的安全规范

7）当工业机器人停止工作时，不要认为其已经完成工作了，因为工业机器人停止工作很有可能是在等待让它继续移动的输入信号。

步骤三：安全警示标志的认知（见表 1-9）

表 1-9　安全警示标志认知

安全警示标志	安全警示内容
⚠ (!)	
⚠ (!)	
⚡	
!	
静电敏感	
i	
💡	

二、示教过程的安全事项

建议在安全围栏之外完成示教，但如果确实需要进入安全围栏内，请严格执行以下要求：

1）请清楚标示示教工作正在进行中，以免有人通过控制器、示教器等误操作工业机器人系统。

2）完成示教工作后，请在围栏外确认工作，这时工业机器人的速度选择低速以下，直到运动确认正常。

3）在示教过程中，确认工业机器人的运动范围，不要大意地靠近工业机器人或进入工业机器人手臂的下方。

4）示教和手动移动工业机器人时禁止戴手套操作示教器和操作面板，要使用专用的示教笔操作工业机器人。

5）在点动操作工业机器人时，要采用较低的速度比率以增加对工业机器人的控制的机会。

6）校正模式只能在做机械原点时使用，其他任何情形禁止使用。

三、自动运行时注意安全事项

1）在自动运行程序前，必须确认当前程序经过手动运行示教点位且检验无误，检查并确认工业机器人的工作区域安全。

2）在自动操作前，必须逐一确认所有紧急停止开关正常。

3）在自动运行过程中，不要进入安全围栏。

4）在自动运行过程中，工业机器人在等待定时延时或外部信号输入后，工业机器人将恢复运行。

5）如果有故障导致工业机器人在运行中停止，请检查显示的故障信息，按照正确的故障恢复顺序来恢复或重启工业机器人。

四、工业机器人手爪夹具的安全事项

1）工业机器人手爪夹具的状态感应器需接进系统，工业机器人进行与手爪夹具有关的动作时需确认手爪的状态信号。

2）工业机器人手爪夹具应设为在失电情况下闭合，从而确保在突然断电时手爪夹具中的产品不会掉落。

3）工业机器人手爪夹具的设计应确保工业机器人取放料时姿态流畅，动作合理。

(续)

安全警示标志	安全警示内容

注：请查阅工业机器人操作手册，并填写以上安全警示标志的含义内容。

4）随时关注并了解工业机器人管线包的状态，防止第四轴或第六轴旋转角度过大导致线束缠绕、拉伸损坏。

五、工业机器人运行时突发情况的避免

在工业机器人运行时出现突发情况，使操作人员来不及实施"紧急停止""逃离"等行为避开事故，极有可能导致重大事故发生。突发情况一般有以下几种：

1）低速动作突然变成高速动作。
2）其他操作人员执行了操作。
3）因周边设备等发生了异常和程序错误，启动了不同的程序。
4）因噪声、故障、缺陷等原因导致异常动作。
5）操作人员误操作。
6）工件处于夹持、联锁待命的停止状态下，突然失去控制。

以上6种突发情况的发生均是没有按照工业机器人安全操作规程进行工业机器人日常检查、工业机器人操作规范造成的，所以在操作工业机器人过程中一定按照操作规范进行，并遵守安全要求。

任务三 测评

1. 知识测评

确定本任务关键词，按重要程度进行关键词排序并举例解读。

根据自己对重要信息的捕捉、排序、表达、创新和划分权重的能力进行自评，满分100分，见表1-10。

表1-10 工业机器人安全操作知识测评表

序号	关键词	举例解读	评分自定
1			
2			
3			
4			
5			
		总分	

2. 能力测评

完成表1-11所列作业内容评分，操作规范可得分，操作错误或未操作得零分。

表1-11 工业机器人安全操作能力测评表

序号	能力点	配分	得分
1	工业机器人开机前安全检查	30	
2	工业机器人操作时安全注意事项	20	
3	工业机器人运行时安全注意事项	20	
4	工业机器人运行突发情况	30	
	总分	100	

3. 素养测评

完成表1-12所列素养点评分，做到可得分，未做到得零分。

表1-12 工业机器人安全操作素养测评表

序号	素养点	配分	得分
1	设备及工具检查	25	
2	工业机器人安全操作	25	
3	工业机器人清洁校准	25	
4	工位摆放符合"8S"管理要求	25	
	总分	100	

4. 拓展训练

查询并仔细阅读《工业机器人安全实施规范》（GB/T 20867—2007）。

拓展阅读——工业机器人实训室安全操作规程

1) 工业机器人周围区域必须保持清洁，无油、水及杂质等。装卸工件前，先将机械手运动至安全位置，严禁装卸工件过程中操作机器。
2) 手动控制工业机器人时应确保其动作范围内无任何人员或障碍物，将速度由慢到快逐渐调整，避免速度突变造成人员伤害或物品损失。
3) 执行程序前，应确保工业机器人工作区内没有无关人员、工具、物品，工件夹紧可靠并确认，焊接程序与工件对应。
4) 工业机器人动作速度较快，存在危险性，操作人员应负责维护工作站正常运转秩序，严禁非工作人员进入工作区域。
5) 工业机器人运行过程中，严禁操作人员离开现场，以确保能够及时处理意外情况。
6) 工业机器人工作时，操作人员应注意查看工装夹具夹装物品状况，防止物品突然掉落。
7) 线缆不能严重绕曲成麻花状，不能与硬物摩擦，以防内部线芯折断或裸露。
8) 示教器和线缆不能随意放置在机器上，应随身携带或挂在操作位置。
9) 当工业机器人停止工作时，不要认为其已经完成工作，因为工业机器人很可能是在等待让它继续移动的输入信号。
10) 工作结束时，应使机械手置于零位位置或安全位置。
11) 严禁在控制柜内随便放置配件、工具、杂物等，以免影响到部分线路，造成设备的异常。
12) 因故离开设备工作区域前应按下急停开关，避免因为突然断电或者关机导致零位丢失，并将示教器放置在安全位置。

项目二　工业机器人系统的相关知识

一、项目描述

依据工业机器人国家职业标准的相关规定进行工业机器人系统的安装。

二、项目要求

1）掌握工业机器人系统的构成。
2）对工业机器人系统进行电气连接。
3）按要求对工业机器人系统进行开/关机测试。

三、项目目标

1）能按照工业机器人国家职业标准规定，正确地进行工业机器人系统的硬件安装。
2）能对工业机器人系统进行电气安装。
3）能正确对工业机器人系统进行检测。
4）能熟练操作工业机器人的开/关机操作。
5）培养学生自觉遵守工业机器人国家职业标准和要求的规定，规范操作过程，保持实训环境符合"8S"管理要求，帮助学生养成精益求精的职业习惯。
6）学生能够具备正确思维和创新意识。

四、项目学习载体

本项目工业机器人系统电气安装如图2-1所示。

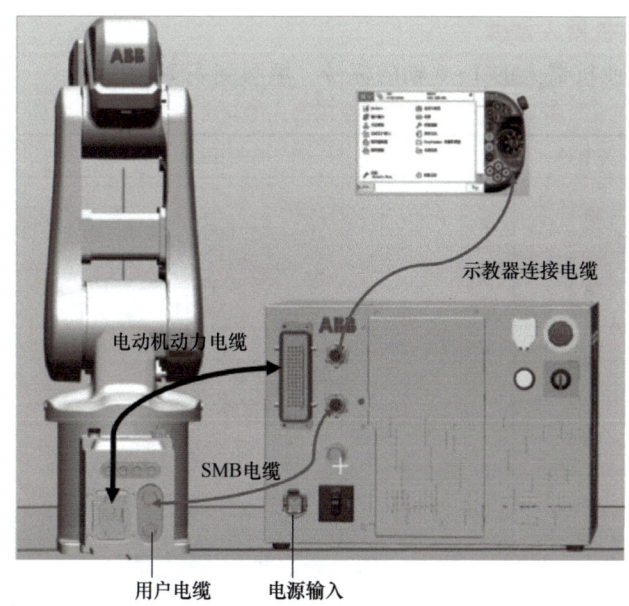

图2-1　工业机器人系统电气安装简图

任务一 工业机器人系统认知

制定加工工艺

步骤一：认识工业机器人系统

1. 工业机器人本体

指出工业机器人的 1~6 轴的标号，填写到表 2-1 中。

表 2-1 ABB 六轴工业机器人的 6 个关节轴位置

标号	关节轴	图示
	轴 1	
	轴 2	
	轴 3	
	轴 4	
	轴 5	
	轴 6	

完成工业机器人本体的底座接口识别，填写到表 2-2 中。

表 2-2 工业机器人底座接口

标号	接口名称	图示
	电动机动力电缆接口	
	转数计数器电缆接口	
	用户电缆接口	
	压缩空气接口	

相关知识

一、关节机器人定义

关节机器人（Articulated Robot），也称关节手臂机器人或关节机械手臂，是当今工业领域中最常见的工业机器人形态之一，适用于诸多工业领域的机械自动化作业，比如自动装配、喷漆、搬运、焊接等工作。

工业机器人主要由工业机器人本体、控制系统和示教器三部分组成。

本书以 ABB 公司生产的六轴工业机器人 IRB120（图 2-2）为例进行讲解。

ABB 工业机器人

图 2-2 ABB 六轴工业机器人 IRB120

二、工业机器人本体基本结构

工业机器人本体，又称执行机构主体，用来完成工业机器人的各项作业。工业机器人本体主要由机械臂、驱动装置和传动单元组成，工业机器人本体整体结构和各轴名称如图 2-3 所示。

常见的六轴工业机器人的机械结构中，6 个伺服电动机直接通过减速器、同步带轮等驱动 6 个关节轴的旋转。六轴工业机器人一般有 6 个自由度，包含旋转（S 轴）、下臂（L 轴）、上臂（U 轴）、手腕旋转（R 轴）、手腕摆动（B 轴）和手腕回转（T 轴）。6 个关节合成实现末端的 6 自由度动作。

2. 工业机器人控制柜

识别控制柜面板的按钮或开关，填写标号到表 2-3 中；识别控制柜面板的接口，填写名称到表 2-3 中。

表 2-3 工业机器人控制柜面板的按钮（开关）与接口

标号	名称	图示
	电源总开关	
	急停开关	
	通电/复位	
	机器状态	
E		
F		
G		
H		
I		

3. 示教器

指出示教器外部结构各个名称的标号，填入表 2-4 中。

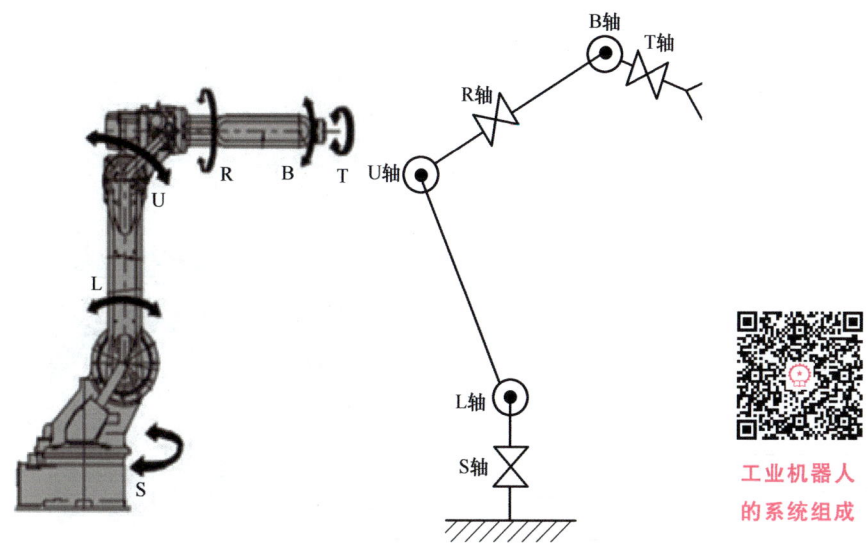

图 2-3 工业机器人本体整体结构和各轴名称示意图

ABB 六轴工业机器人 IRB120 一共有 6 个关节轴，如图 2-4 所示。

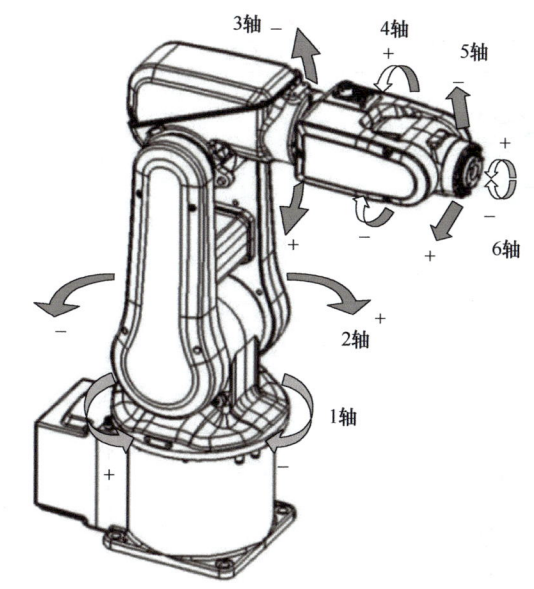

图 2-4 ABB 六轴工业机器人 IRB120 的关节轴示意图

工业机器人的系统组成

表2-4 示教器外部结构

标号	名称	图示
	连接电缆	
	触摸屏	
	急停开关	
	手动操纵摇杆	
	USB接口	
	使能器按钮	
	触摸屏用笔	
	示教器复位按钮	

步骤二：认知电源线及各种通信线缆

在表2-5中写出下列各种线缆的名称及作用。

表2-5 线缆名称及作用

图示	线缆名称	作用

工业机器人控制系统发出指令时，需要借助驱动装置使执行元件产生动作。因此，驱动装置相当于人体的肌肉或经络。目前工业机器人的驱动装置主要有液压驱动、气压驱动、电气驱动3种基本类型。一般情况下，工业机器人主要采用电气驱动，且多数使用交流伺服电机进行工作，原因在于其控制功能好、响应快，适用于高性能、运动轨迹要求严格的工业机器人。而液压驱动和气压驱动适合重载、运动精度不高的场合。

驱动装置在控制执行元件的过程中，必须借助传动单元使机械臂末端的执行器产生相应的空间运动和姿态变换。目前工业机器人广泛采用的机械传动单元是减速器，质量在20kg以下的机器关节，例如上臂、腕部或手部等轻负载的位置主要采用谐波减速器。而对于质量在20kg以上的机器关节，例如基座、腰部、下臂等重负载的位置主要用RV减速器，如图2-5a所示。此外，工业机器人还采用齿轮传动、链条（带）传动、直线运动单元等进行传动。与一般的减速器相比，工业机器人上的传动单元是一种精密减速器，它能够使工业机器人的伺服电机在合理的速度下运转，并能精确地将转速调整至工业机器人手臂需要的作业速度。

RV减速器由一个行星齿轮减速器的前级和一个摆线针轮减速器的后级组成，RV减速器是一款结构紧凑、传动比大，以及在一定条件下具有自锁功能的传动机械。谐波减速器和RV减速器的位置及结构示意图如图2-5所示。

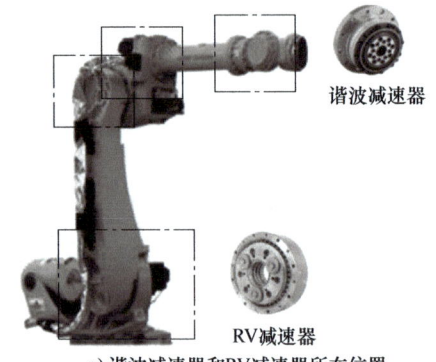

a) 谐波减速器和RV减速器所在位置

图2-5 谐波减速器和RV减速器的位置及结构示意图

步骤三：确定安装方案

工业机器人是精密的机电一体化设备，其运输和安装有着严格的要求，这里以 ABB 工业机器人为例介绍工业机器人安装步骤和规范。

1. 检查安装位置和场地

根据工业机器人最大的运动空间以及工装夹具运行范围，在工业机器人的周围 1m 以上的距离位置设置安全围栏，以保证工业机器人工作时不会被干扰。围栏一侧要设置一个安全门，控制柜和操作位置要设置于能够看见工业机器人主体动作的地方，保证发生异常时操作人员可以及时发现。

安装工业机器人的场地地面要求与水平面的夹角在 ±5° 以内，地面或安装座要有足够的刚度，并确保场地地面的平面度，以免工业机器人基座部分受额外的力。工作环境温度必须在 0℃ ~ 45℃，相对湿度必须在 35% ~ 85%，无凝露。

安装工业机器人基座和台架时，要使用高强度螺栓通过螺栓孔固定。

2. 搬运和安装工业机器人本体

当使用起重机或叉车搬运工业机器人时，绝对不能人工支撑工业机器人机身。由于工业机器人机身是由精密零部件组成的，所以在搬运时一定不能让工业机器人受到大的冲击和振动。搬运及安装工业机器人时，也要保证周边环境温度在 10℃ ~ 60℃、相对湿度在 35% ~ 85%。

3. 确定电气接线安装顺序

第一步：将动力电缆分别接到工业机器人本体底座接口和控制柜接口。

第二步：将 SMB 电缆分别接到工业机器人本体底座接口和控制柜接口。

第三步：按照控制柜门上贴的主电源接线说明制作 380V 三相四线的电源电缆，然后接到主电源开关上。

第四步：将示教器电缆连接到控制柜接口上。

第五步：检查所接电缆线路，尤其是检查主电源电路，确认一切正常后，闭合电源开关进行调试。

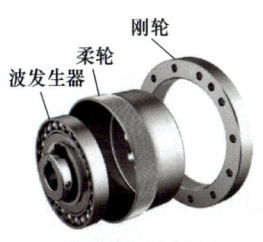 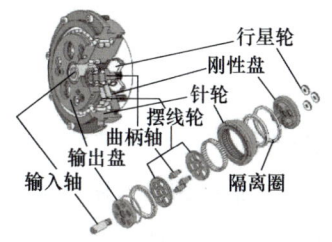

b) 谐波减速器结构示意图　　c) RV减速器结构示意图

图 2-5　谐波减速器和 RV 减速器的位置及结构示意图（续）

三、控制系统和示教器

作为工业机器人的"大脑"，控制系统是根据指令以及传感信息控制工业机器人完成一定动作或作业任务的装置，它决定着工业机器人主要功能和性能，在工业机器人系统中也是更新和发展最快的部分。其基本功能有示教功能、记忆功能、位置伺服功能、坐标设定功能、与外围设备联系功能、传感器接口、故障诊断安全保护功能。

依据控制系统的开放程度，将工业机器人控制系统分 3 类：封闭型、开放型和混合型。目前市场上基本上以封闭型系统或混合型系统为主。

示教器（即示教盒）是工业机器人重要的控制及手持装置。要操作工业机器人，就必须使用工业机器人示教器。示教器是进行工业机器人的手动操纵、程序编写、参数配置以及监控的手持装置，也是控制工业机器人执行所有标准作业的人机交互接口。

任务一测评

1. 知识测评

确定本任务关键词，按重要程度进行关键词排序并举例解读。

根据自己对重要信息的捕捉、排序、表达、创新和划分权重的能力进行自评，满分100分，见表2-6。

表2-6 认知工业机器人系统知识测评表

序号	关键词	举例解读	评分自定
1			
2			
3			
4			
5			
6			
7			
8			
9			
10			
11			
12			
总分			

2. 能力测评

完成表2-7所列作业内容评分，操作规范可得分，操作错误或未操作得零分。

表2-7 认知工业机器人系统能力测评表

序号	能力点	配分	得分
1	工业机器人6个轴的识别	10	
2	工业机器人本体接口的识别	20	
3	控制系统开关按钮和接口的识别	20	
4	示教器的认知	20	
5	电缆的识别	10	
6	熟悉安装步骤	20	
总分		100	

3. 素养测评

完成表2-8所列素养点评分，做到可得分，未做到得零分。

表2-8 认知工业机器人系统素养测评表

序号	素养点	配分	得分
1	学习纪律	20	
2	操作过程规范	20	
3	严谨认真、一丝不苟精神	20	
4	互相帮助、团队精神	20	
5	学习环境符合"8S"管理要求	20	
总分		100	

4. 拓展训练

查询四大家族工业机器人代表型号的技术参数，各选一种工业机器人型号，将其参数填入表2-9中。

表2-9 四大家族工业机器人代表型号的技术参数

序号	四大家族品牌	代表型号	技术参数
1			
2			
3			
4			

任务二　工业机器人系统安装

安装工业机器人系统

步骤一：本体安装

1. 拆箱后将工业机器人本体从底座上拆下

拆箱后，工业机器人本体是用螺栓固定在包装箱底板上的，如图 2-6 所示。用扳手将螺栓拆卸后，工业机器人本体与包装箱底板分离，如图 2-7 所示。

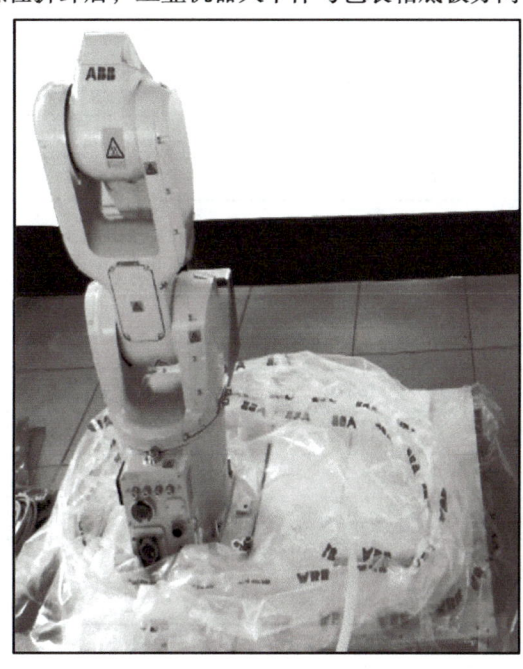

图 2-6　拆箱后状态

2. 将工业机器人本体固定到实训台，并将固定工业机器人姿态的支架拆卸

ABB 六轴工业机器人 IRB120 的本体质量为 25kg，在安装前要确认实训台的承重情况，在满足安装条件后，需要两人配合将其本体放置到实训台的台面上，并用螺栓固定。固定后，将出厂时自带的工业机器人姿态支架拆卸，如图 2-8 所示。

相关知识

一、工业机器人的技术参数

工业机器人的技术参数反映了其可胜任的工作、具有的最高操作性能等情况，是设计、应用工业机器人集成系统必须关注的方面。工业机器人的主要技术参数有自由度数、工作范围、工作速度、工作载荷、分辨力、精度等。

（1）自由度数　自由度数是指确定工业机器人手部在空间的位置和保持姿态时所需要的独立运动参数的数目，也就是工业机器人具有的独立坐标轴运动的数目，所以自由度数一般等于关节数目。工业机器人工装夹具的运动以及手指关节的自由度一般不包括在内。

（2）工作范围　工作范围是指工业机器人手臂末端或手腕中心所能到达的所有点的空间区域。其所形成的空间区域形状取决于工业机器人的自由度数和各运动关节的类型与配置。工业机器人的工作空间通常用图解法和解析法两种方法进行表示。

（3）工作速度　工作速度是指工业机器人在工作载荷条件下、匀速运动过程中机械接口中心或工具中心点在单位时间内所移动的距离或转动的角度。通用工业机器人最大直线运动速度一般都在 1000mm/s 以下，最大回转速度一般不超过 120°/s。

（4）工作载荷　工作载荷也称为承载能力，是指工业机器人在工作范围内任何位置上所能承受的最大负载，一般用力、力矩、惯性矩表示。工作载荷还和运行速度和加速度大小方向有关，一般规定高速运行时所能抓取的工件质量作为承载能力指标。

（5）分辨力　分辨力是指能够实现的最小移动距离或最小转动角度。

（6）精度　精度是指定位精度和重复定位精度。定位精度是指工业机器人的工装夹具实际到达位置与目标位置之间的差异，用反复多次测试的定位结果的代表点与指定位置之间的距离来表示。

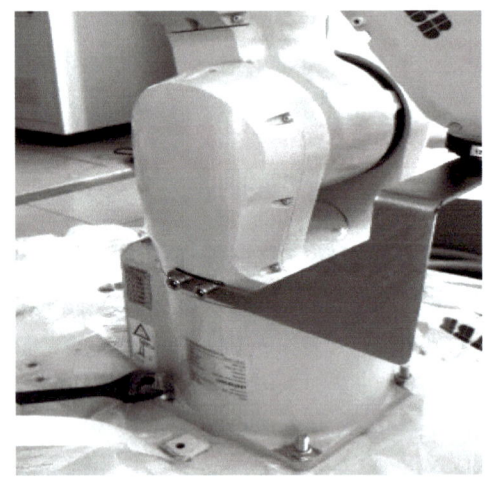

图 2-7 拆卸固定螺栓

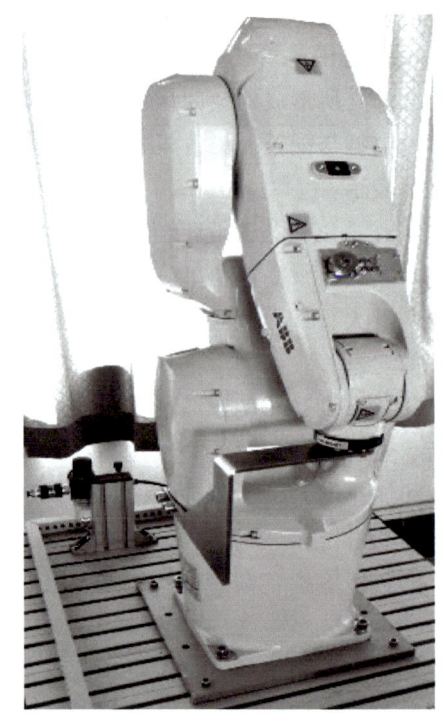

图 2-8 将工业机器人固定到实训台的台面上

重复定位精度是指工业机器人重复定位工装夹具于同一目标位置的能力，以实际位置值的分散程度来表示。实际应用中常以重复测试结果的标准偏差值的3倍来表示，它衡量一系列误差值的密集度。

ABB公司所生产的六轴工业机器人IRB120的具体参数如图2-9所示。

规格		
型号	工作范围	有效荷重	手臂荷重
IRB 120-3/0.6	580mm	3kgf(4kgf)	0.3kgf
特性		
集成信号源	手腕设10路信号	
集成气源	手腕设4路空气(5bar)	
重复定位精度	0.01mm	
机器人安装	任意角度	
防护等级	IP30	
控制器	IRC5紧凑型/IRC5单柜型	
运动		
轴运动	工作范围	最大速度
轴1旋转	+165°~-165°	250°/s
轴2手臂	+110°~-110°	250°/s
轴3手臂	+70°~-90°	250°/s
轴4手腕	+160°~-160°	320°/s
轴5弯曲	+120°~-120°	320°/s
轴6翻转	+400°~-400°	420°/s
性能		
1kg拾料节拍		
25mm×300mm×25mm	0.58s	
TCP最大速度	6.2m/s	
TCP最大加速度	28m/s²	
加速时间0~1m/s	0.07s	

图 2-9 ABB六轴工业机器人 IRB120 参数图

步骤二：安装 IRC5 控制柜

若需要安装的是机架安装型控制系统，则不需要空间。地面安装时控制系统的背部需要留有 100mm 的自由空间来确保适当的冷却，IRC5 控制柜非机架安装位置要求如图 2-10 所示。

如果控制系统安装在实训台或桌面上，则其左右两侧各需要留有 50mm 的自由空间，如图 2-11 所示。

控制系统背部的风扇盖上不要放置任何物品，保证充分冷却。

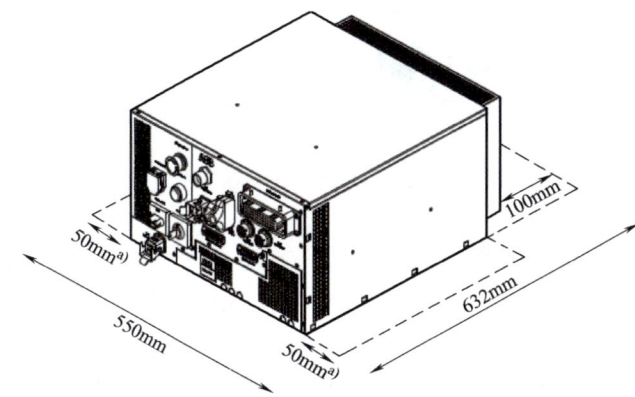

图 2-10　IRC5 控制柜非机架安装位置要求

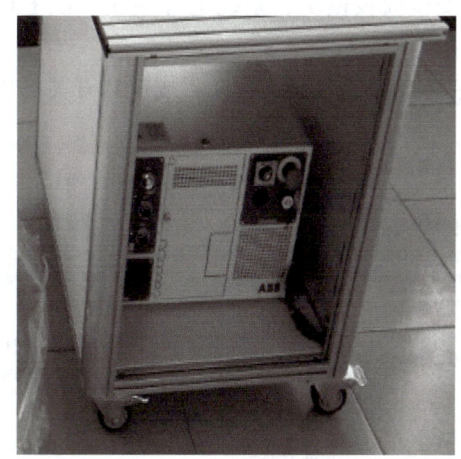

图 2-11　IRC5 控制柜安装到机架示意图

电气连接	
电源电压	200~600V，50/60Hz
额定功率	
变压器额定功率	3.0kV·A
功耗	0.25kW
物理特性	
机器人底座尺寸	180mm×180mm
机器人高度	700mm
质量	25kg
手腕中心点工作范围与荷重图	

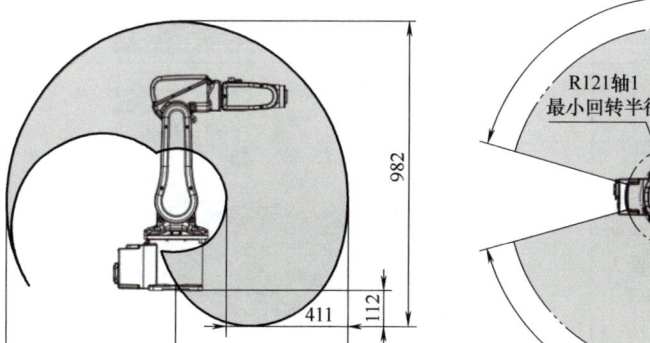
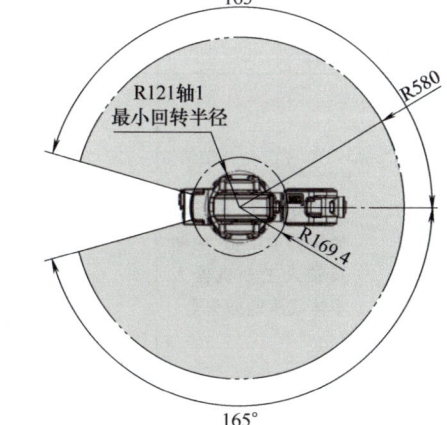

图 2-9　ABB 六轴工业机器人 IRB120 参数图（续）

二、IRC5 控制柜简介

IRC5 为 ABB 推出的第五代工业机器人控制柜，该控制柜采用模块化设计，配备符合人机工程学的全新 Windows 界面装置，并可通过 MultiMove 功能实现多达 4 台的工业机器人完全同步控制，如图 2-12 所示。

步骤三：工业机器人本体与控制柜的电气连接

工业机器人本体与控制柜之间需要连接3条电缆：电动机动力电缆、SMB电缆和示教器连接电缆，具体连接方式如图2-11所示。具体连接步骤见表2-10。

控制柜与机器人本体的连接

表2-10 工业机器人本体与控制柜电气连接步骤

操作步骤		示教器界面
电动机动力电缆接入	将电动机动力电缆标注为XP1的插头接入控制柜	
	将电动机动力电缆标为R1.MP的插头接入工业机器人本体底座的插头上	
SMB电缆接入	将SMB电缆（直头）接头插入到控制柜XS2端口	

图2-12 IRC5控制柜

三、IRC5控制柜结构

控制柜的外部结构一般有示教器插头、伺服电缆插头、附加轴SMB插头、SMB插头、主电源插头、主电源开关、安全面板接口、状态切换开关、急停开关、I/O模块接口、上电/复位按钮等。控制柜内部则由工业机器人系统所需部件和相关附件组成，包括主计算机模块、工业机器人驱动系统、轴计算机、安全面板模块、系统电源模块、配电板、电源模块、电容器、接触及接口板、I/O板等构成。

图2-13是紧凑型控制柜的正面插头、按钮和开关的说明。

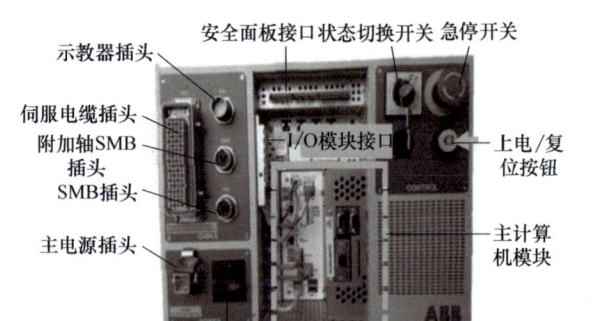

工业机器人控制柜的组成

图2-13 紧凑型控制柜的正面插头、按钮和开关

(续)

操作步骤		示教器界面
SMB电缆接入	将SMB电缆(弯头)接头插入到工业机器人本体底座SMB端口	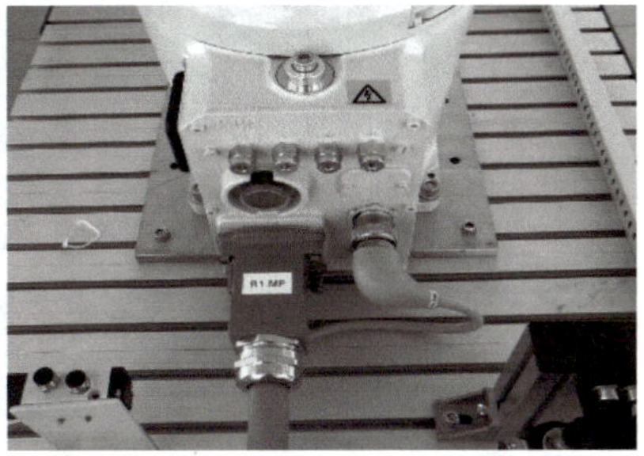
示教器电缆接入	将示教器电缆(红色)的接头插入到控制柜XS4端口	
电源电缆接入	IRB120使用单相220V供电,最大功率为0.5kW。根据此参数,准备电源线并且制作控制柜端的接头	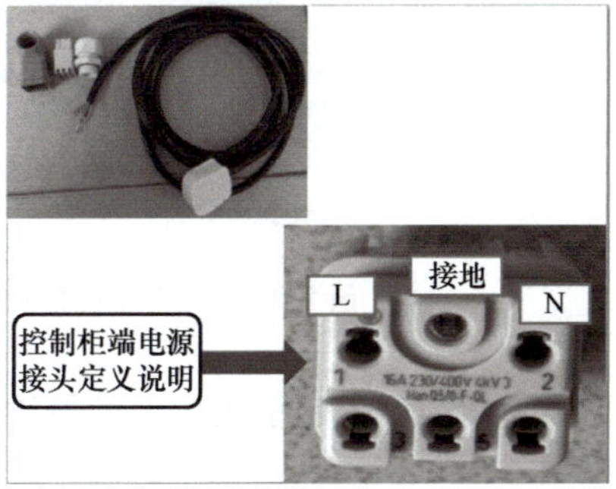

打开控制柜上方的盖子,可看到内部的模块,如图2-14所示。

图2-14 紧凑型控制柜的内部模块1

从左侧打开盖子,查看内部的模块,如图2-15所示。

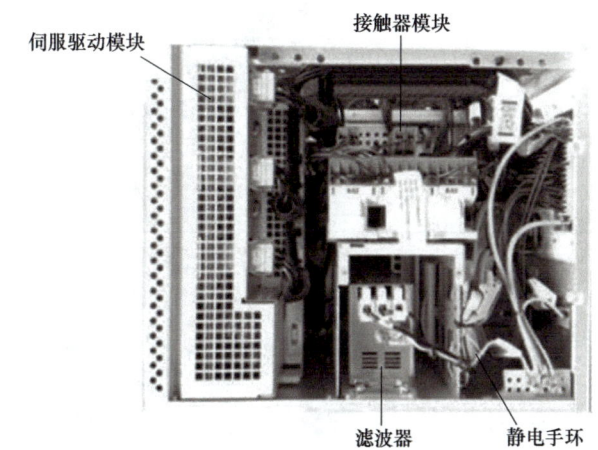

图2-15 紧凑型控制柜的内部模块2

从右侧打开盖子,查看内部的模块,如图2-16所示。

(续)

操作步骤		示教器界面
电源电缆接入	将电源线根据定义进行接线，一定要将电线涂锡后插入，接头压紧	
	制作好的电源线	
	在检查后，将电源接头插入控制柜XP0端口并锁紧	

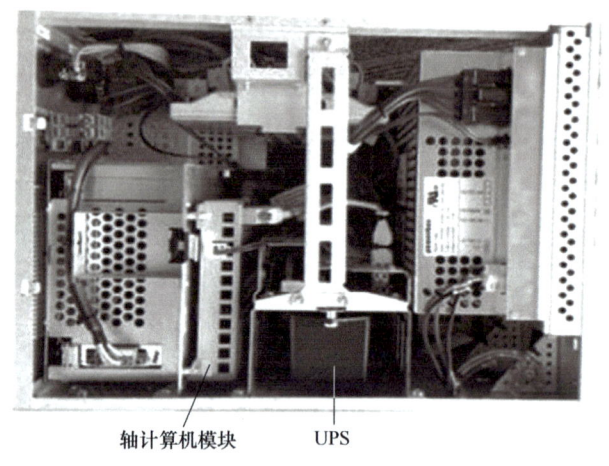

图 2-16 紧凑型控制柜的内部模块 3

标准型控制柜内的模块分布情况如图 2-17 所示。

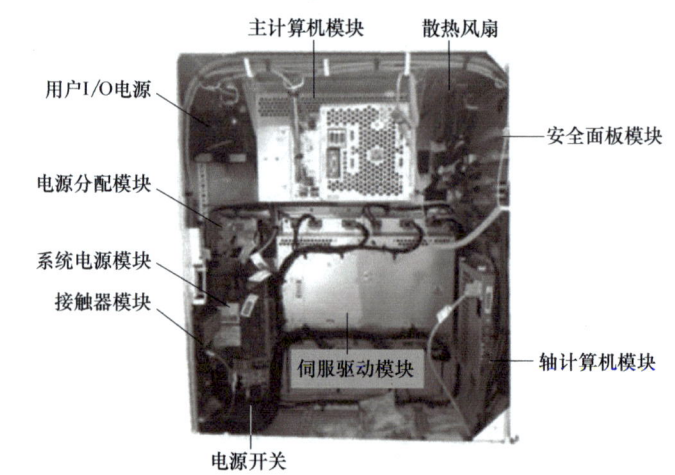

图 2-17 标准型控制柜的内部模块

图 2-18 为标准型控制柜柜门上的模块分布情况。

（续）

操作步骤	示教器界面
将示教器支架安装到合适的位置，然后将示教器放好	

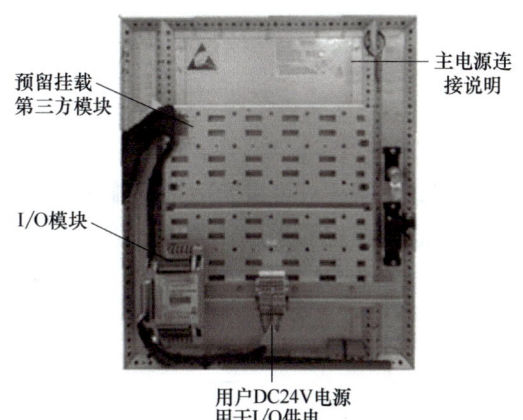

图 2-18　标准型控制柜柜门上的模块分布情况

任务二测评

1. 知识测评

确定本任务关键词，按重要程度进行关键词排序并举例解读。

根据自己对重要信息的捕捉、排序、表达、创新和划分权重的能力进行自评，满分 100 分，见表 2-11。

表 2-11　安装工业机器人系统知识测评表

序号	关键词	举例解读	评分自定
1			
2			
3			
4			
5			
总分			

2. 能力测评

完成表 2-12 所列作业内容评分，操作规范可得分，操作错误或未操作得零分。

表 2-12　安装工业机器人系统能力测评表

序号	能力点	配分	得分
1	硬件和电缆识别	30	
2	硬件安装	30	
3	电气安装	40	
	总分	100	

3. 素养测评

完成表 2-13 所列素养点评分，做到可得分，未做到得零分。

表 2-13　安装工业机器人系统素养测评表

序号	素养点	配分	得分
1	学习纪律	10	
2	工具使用、摆放	10	
3	操作规范	20	
4	严谨认真、一丝不苟精神	20	
5	互相帮助、团队精神	20	
6	学习环境符合"8S"管理要求	20	
	总分	100	

4. 拓展训练

查询并记录实训室工业机器人供电线缆和通信电缆的规格。

任务三　工业机器人系统检测

工业机器人开关机操作

步骤一：开机

工业机器人的开关机

第一步：确保没有人员或障碍物出现在ABB工业机器人的工作区内。

第二步：打开IRC5控制柜上的主电源开关。

第三步：保证所有急停按钮都处于松开状态。

第四步：启动执行任何程序必须按电动机的上电按钮。

步骤二：设置中文语言和系统时间

1. 设置中文语言

将示教器英文界面设置为中文界面的具体操作步骤见表2-14。

表2-14　示教器英文界面设置为中文界面的操作步骤

操作步骤	示教器界面
1）打开工业机器人主电源开关，等待示教器进入系统界面后，搬动工业机器人模式开关（Mode switch），选择手动运行模式	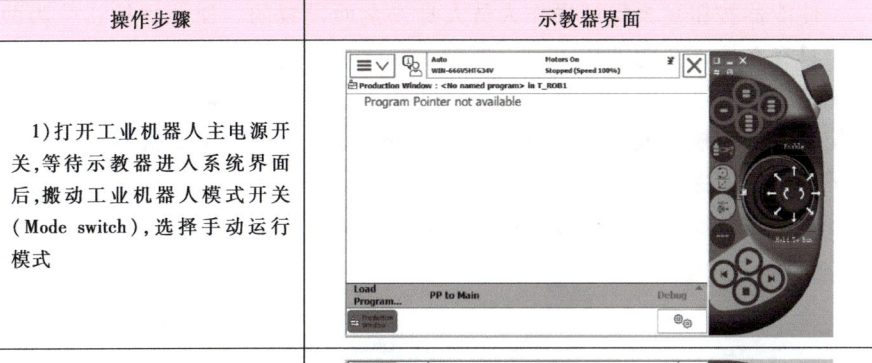
2）单击示教器左上角的"ABB"图标，进入示教器的菜单栏。单击"Control Panel"也就是"控制面板"进入"控制面板"界面	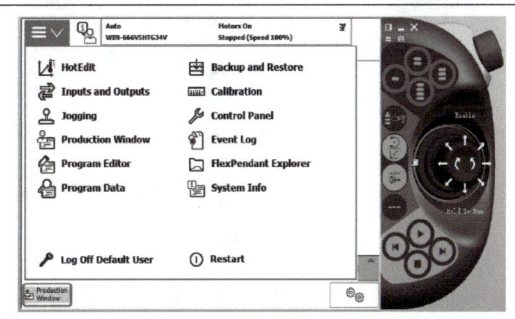

相关知识

一、示教器

示教器是进行工业机器人手动操纵、程序编写、参数配置以及监控用的手持装置。图2-19中所示的示教器是ABB工业机器人的示教器，其型号是3HAC028357-001。

初识ABB示教器

图2-19　示教器放置方式

注意：在示教器使用过程中，如果临时不用，需要将其放回到示教器架上，不能随意放到工作台上，更不能放到地上。

二、示教器结构

ABB工业机器人的示教器是由触摸屏、急停开关、使能器按钮、手动操纵摇杆、快捷键、示教器复位按钮以及连接电缆构成的。其中使能器按钮和手动操纵摇杆是使用频率非常高的两个部件。

识别图2-20中的示教器部件，并将标号填入表2-15中。

(续)

操作步骤	示教器界面
3)进入"控制面板"后单击第五行"Language",进入"语言选择",选择"Chinese(中文)"后,按示教器右下角的"OK"按键确认选择	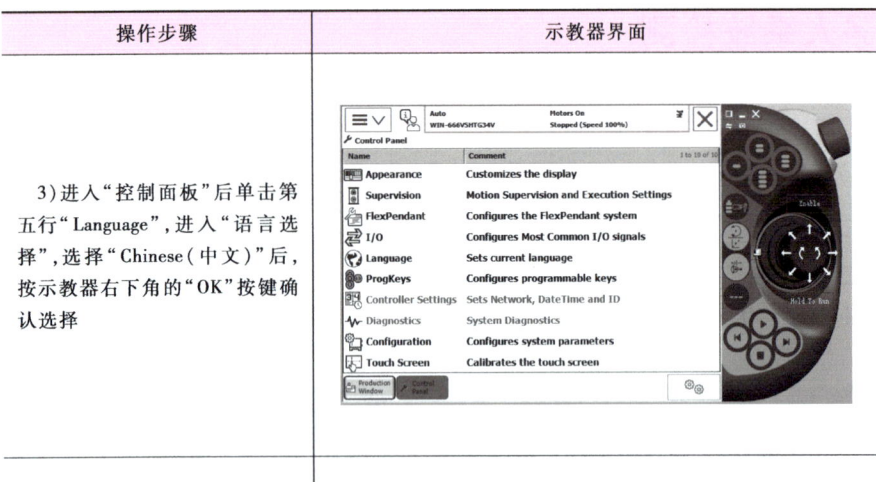
4)选择完成以后示教器提示,继续单击"Yes"按钮,示教器重启后功能才能生效	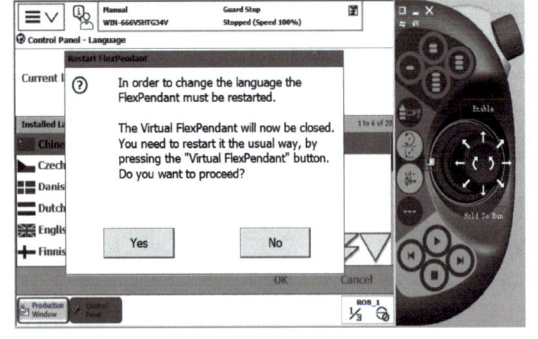
5)示教器重启成功后进入系统界面,此时系统语言更改成中文	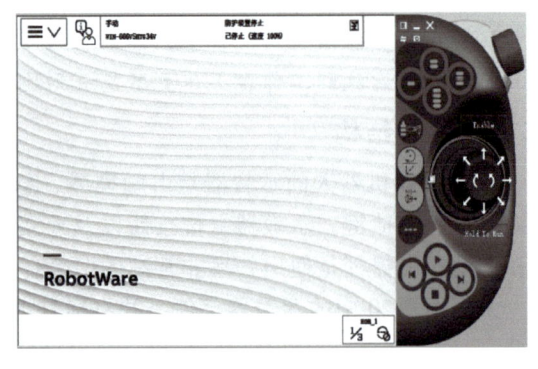

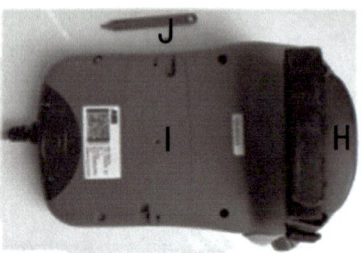

图 2-20　示教器外部结构

表 2-15　示教器结构

标号	名称	标号	名称
	触摸屏		示教器复位按钮
	连接电缆		触摸笔
	急停开关		自定义快捷键
	手动操纵摇杆		切换快捷键
	使能器按钮		启停程序快捷键

三、示教器使用

使能器按钮是为保证操作人员人身安全而设置的。使能器按钮分为两档,只有在按下使能器按钮第一档时,保持在"电机开启"的状态,才能对工业机器人进行手动的操作与程序的调试。当发生危险时,人会本能地将使能器按钮松开或按紧(按下使能器按钮第二档),工业机器人会马上停下来,从而保证安全。

手持示教器正确使用方法如图 2-21 所示。

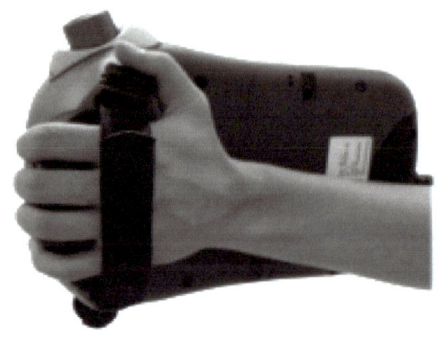

图 2-21　手持示教器正确使用方法

2. 设置系统时间

为了方便进行文件的管理和故障的查阅与管理，在进行各种操作之前要将工业机器人的系统时间设定为本地时区的时间，具体操作见表 2-16。

表 2-16　设置系统时间的操作步骤

操作步骤	示教器界面
1）单击左上角主菜单键，进入主菜单界面，选择"控制面板"	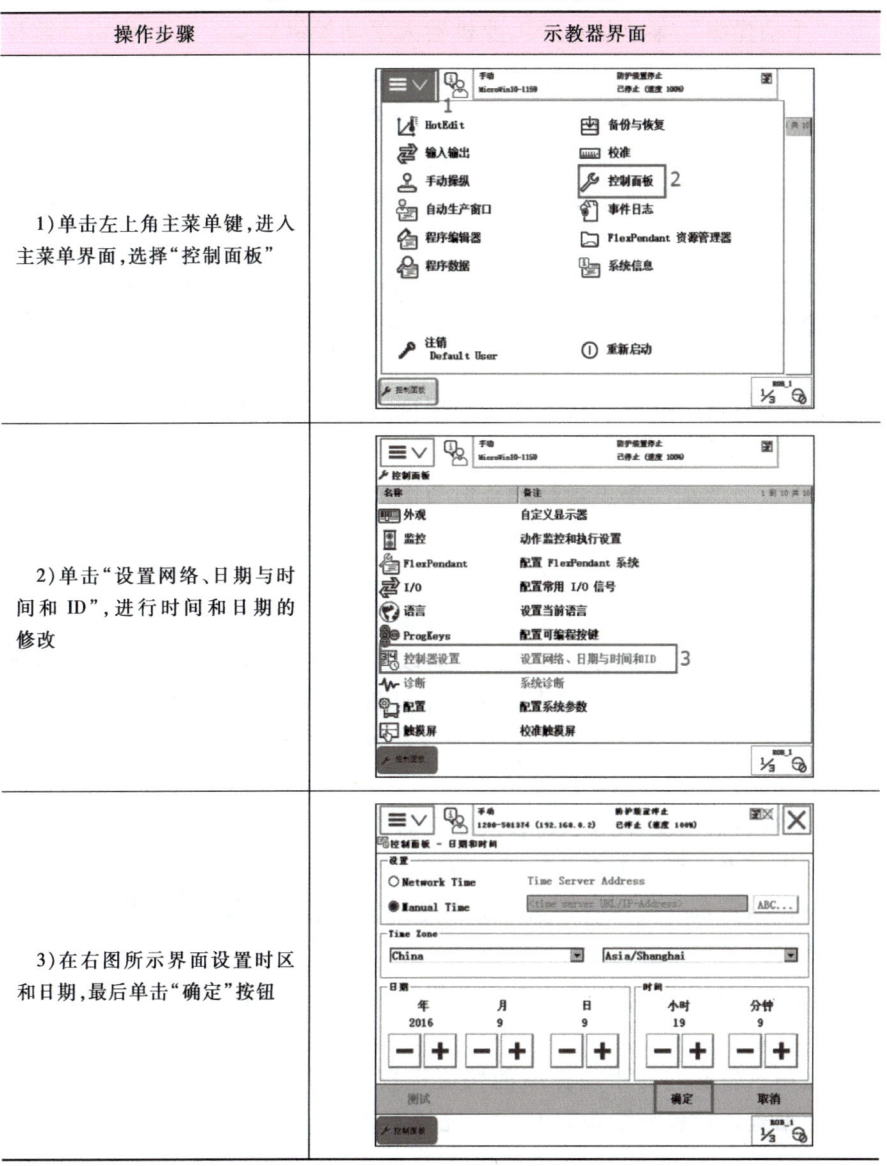
2）单击"设置网络、日期与时间和 ID"，进行时间和日期的修改	
3）在右图所示界面设置时区和日期，最后单击"确定"按钮	

手动操纵摇杆的操纵幅度是与工业机器人的运动速度相关的。操纵幅度较小，则工业机器人运动速度较慢。操纵幅度较大，则工业机器人运动速度较快。在操作的时候，尽量操纵幅度小，使工业机器人慢慢运动。

四、示教器菜单和快捷键

为了掌握示教器的使用方法，必须要熟悉示教器的菜单。

首先是窗口键。英文名称与中文名称对比以及相应的功能见表 2-17。

表 2-17　窗口键汇总表

英文名称	中文名称	功能	作用
Jogging	操纵窗口	手动状态下，用来操纵工业机器人	显示屏上显示工业机器人相对位置及坐标系
Program	编程窗口	手动状态下，用来编程与测试	所有编程工作都在编程窗口中完成
Inputs and Outputs	输入/输出窗口	显示输入输出信号表	显示输入输出信号数值。可手动给输出信号赋值
Misc.	其他窗口	包括系统参数、服务、生产以及文件管理窗口	

将示教器的菜单更改成中文界面后，选择左上角主菜单按钮，进入"ABB"示教器主菜单栏，如图 2-22 所示。

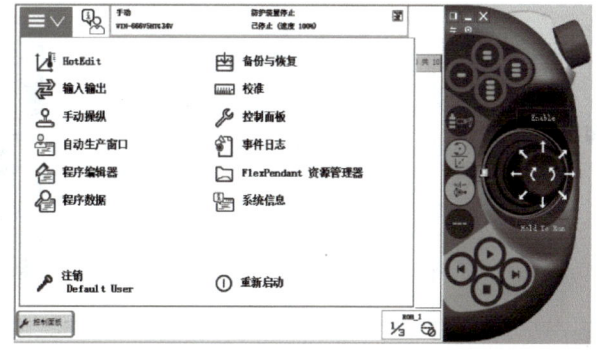

图 2-22　示教器主菜单界面

步骤三：关机操作

关机步骤见表2-18。

表2-18 工业机器人系统关机的操作步骤

操作步骤	示教器界面
1）单击示教器界面中"主菜单"按钮，进入主界面菜单，选择右下角的"重新启动"	
2）单击"高级…"按钮	
3）选择"关闭主计算机"，单击"下一个"	

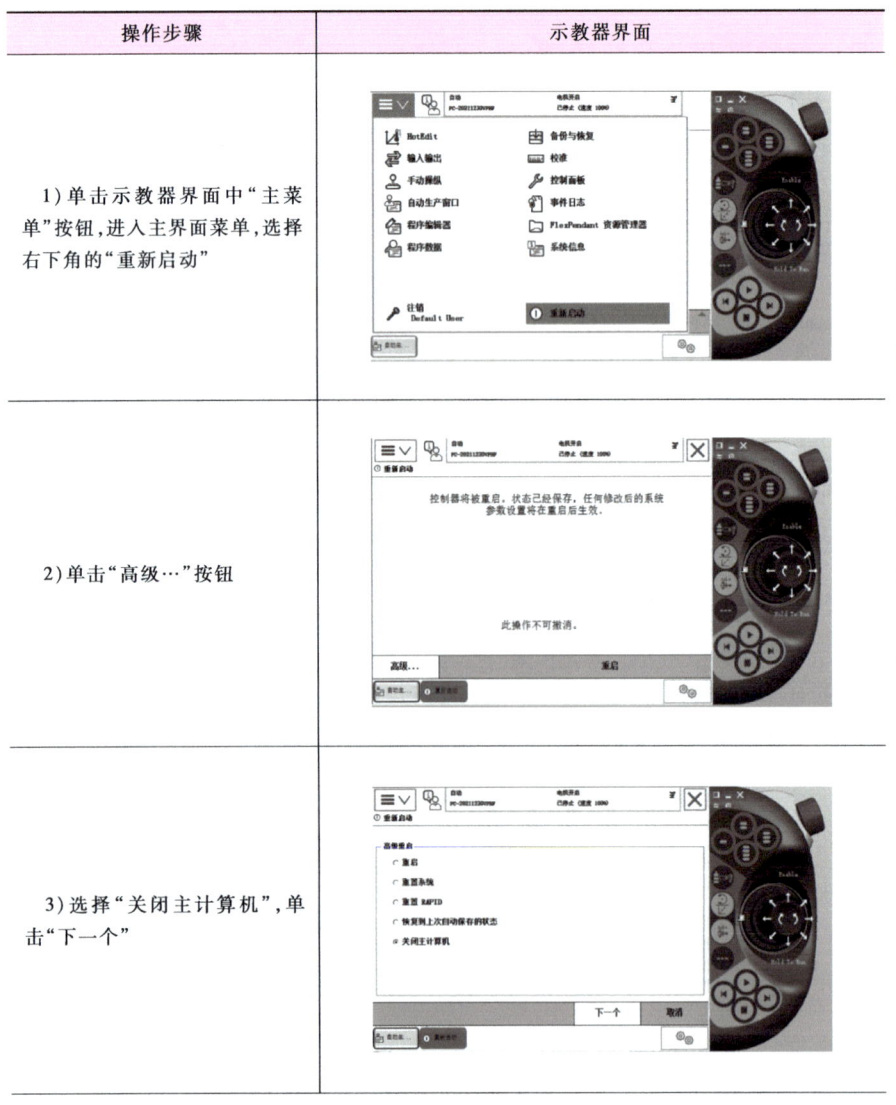

"输入输出"菜单是打开输入输出窗口，它的作用是查看与仿真工业机器人的I/O信号。包括工业机器人的I/O总线、I/O单元、数字量输入/输出、模拟量输入/输出、模拟信号输入/输出、组数据输入/输出、安全信号等。

"手动操纵"菜单是打开工业机器人手动操纵窗口，它的作用是监控工业机器人手动操纵的一些属性及状态，如工业机器人各轴的角度值、工业机器人当前的坐标系、工具坐标和工件坐标等。

"自动生产窗口"菜单是打开自动生产窗口，用于工业机器人自动运行时的程序运行界面，显示当前运行的程序及运行过程中程序指针的位置。

"程序编辑器"菜单是打开程序编辑窗口，用于手动模式时，能进行指令的选择、添加、示教等功能，可作为手动操纵时的程序编辑窗口。

"程序数据"菜单是打开程序数据窗口，用于查看和更改程序中包含的数据、变量等。

"备份与恢复"菜单是打开备份与恢复窗口，用于备份和恢复工业机器人当前的系统。

"校准"菜单是打开校准窗口，用于在工业机器人更换电池或其他需要更新转速计数器时，对工业机器人的零点位置进行校准。

"控制面板"菜单功能广泛，可更改示教器的图标、文字大小，自定义显示器；可作为工业机器人的动作监控和执行设置；可配置工业机器人的常用I/O信号；可配置语言；可进行示教器右上角的按键自定义；可配置系统参数；可校准触摸屏等功能。

"事件日志"菜单用于查看工业机器人的事件和日志，可在菜单栏中单击进入，也可直接单击示教器上方的状态栏进入。

"Flex Pendant资源管理器"菜单是用于对工业机器人程序资源等进行管理查看。

"系统信息"菜单用于查看工业机器人及示教器的配置、系统的版本等相关信息。

运用示教器上的手动操纵的快捷键按钮可快速对工业机器人进行操作，根据查询资料和图2-23所示，完成表2-19。

(续)

操作步骤	示教器界面
4）单击"关闭主计算机"，完成关机操作	

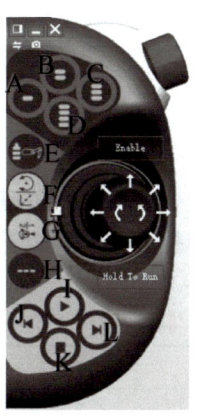

图 2-23　示教器上的快捷键按钮

表 2-19　部分快捷键识别表

标号	快捷键作用	标号	快捷键作用
	预设按钮，切换信号状态		启动程序持续运行
	切换机械单元		启动程序步退运行
	切换动作模式到线性或重定位		启动程序步进运行
	切换增量模式的有无		停止程序运行

任务三 测评

1. 知识测评

确定本任务关键词，按重要程度进行关键词排序并举例解读。

根据自己对重要信息的捕捉、排序、表达、创新和划分权重的能力进行自评，满分100分，见表2-20。

表2-20　检测工业机器人系统知识测评表

序号	关键词	举例解读	评分自定
1			
2			
3			
4			
5			
总分			

2. 能力测评

完成表2-21中所列作业内容评分，操作规范可得分，操作错误或未操作得零分。

表2-21　检测工业机器人系统能力测评表

序号	能力点	配分	得分
1	工业机器人开机	30	
2	设置示教器语言	20	
3	设置工业机器人系统时间	20	
4	工业机器人关机	30	
总分		100	

3. 素养测评

完成表2-22所列素养点评分，做到可得分，未做到得零分。

表2-22　检测工业机器人系统素养测评表

序号	素养点	配分	得分
1	设备及工具检查	25	
2	工业机器人安全操作	25	
3	工业机器人清洁校准	25	
4	工位摆放符合"8S"管理要求	25	
总分		100	

4. 拓展训练

请查询表2-23所列工业机器人型号的示教器外观及其特点，并填入表中。

表2-23　工业机器人的示教器外观及特点

工业机器人型号	示教器外观（画出草图）	特点
ABB IRB120		
FANUC CR-4iA		
KUKA KR 120 R3500 Press		
YASKAWA MH5F		

项目三　工业机器人的基本操作

一、项目描述

熟练运用示教器进行工业机器人的基本操作。

二、项目要求

1）掌握工业机器人示教器菜单的操作。
2）熟练完成工业机器人示教基本操作。

三、项目目标

1）熟练掌握工业机器人示教器的基本操作方法和要点。
2）熟练掌握工业机器人示教点的定义方法和要点。
3）培养学生自觉遵守工业机器人国家职业标准和要求的规定，规范操作过程，保持实训环境符合"8S"管理要求，帮助学生养成精益求精的职业习惯。
4）深刻体会严谨的工匠精神。

四、项目学习载体

本项目在工业机器人实训工位上进行，如图3-1所示。

图 3-1　工业机器人技术应用实训装置

任务一　工业机器人示教器基本操作

工业机器人单轴运动

步骤一：查看工业机器人常用信息和事件日志

单击状态栏，查看工业机器人的时间日志以及事件消息，如图 3-2 所示。

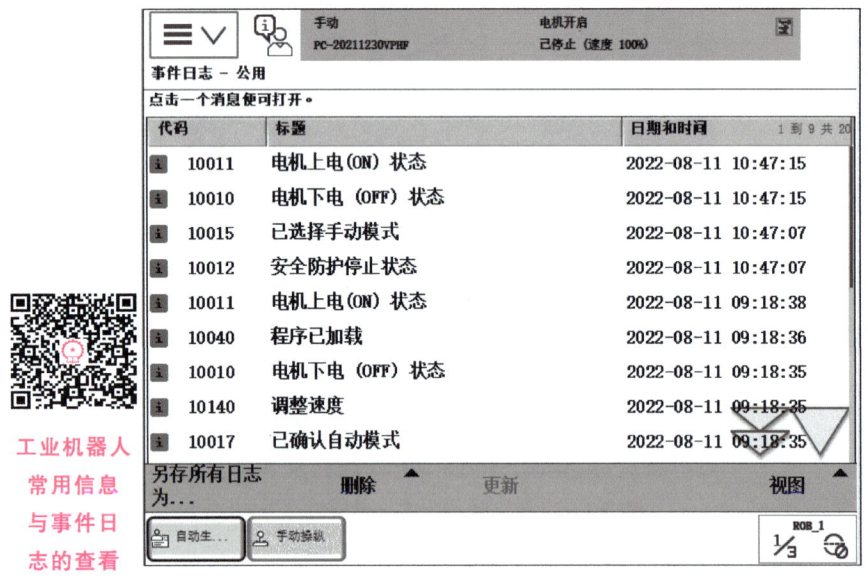

图 3-2　示教器时间日志和事件信息

如果希望查看某个事件消息的详细信息，只需要单击相应的事件就可以查看，如图 3-4 所示。

相关知识

一、示教器界面组成

识别图 3-3 中示教器主界面的组成部分，并完成表 3-1。

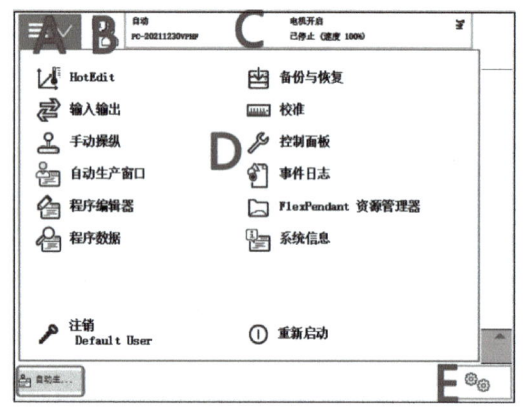

图 3-3　示教器主界面结构图

表 3-1　示教器结构名称表

标号	部件名称
	主菜单键
	任务栏
	状态栏
	显示界面
	快捷栏

识别图 3-5 中状态栏的常用信息，完成表 3-2。

图 3-5　示教器状态栏

表 3-2　示教器状态栏各部分作用表

标号	显示内容的作用
	工业机器人的状态（手动、全速手动和自动）
	工业机器人的系统信息
	工业机器人程序的运行信息
	工业机器人的电动机状态
	当前工业机器人或外轴的使用状态

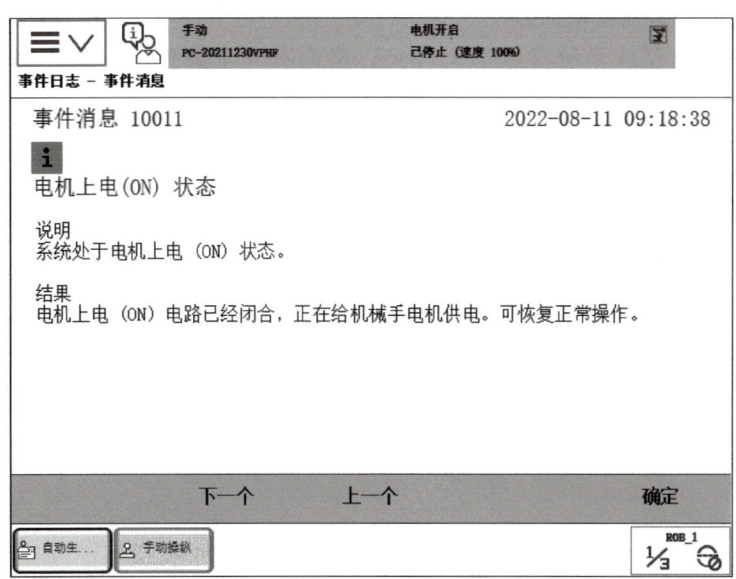

图 3-4　示教器事件消息的详细信息

示教器的基本操作

单击窗口上面的状态栏，就可以查看工业机器人事件日志。

步骤二：系统数据的备份和恢复

1. 数据备份操作

工业机器人数据备份的对象是所有正在系统内存运行的 RAPID 程序和系统参数。将工业机器人控制器中当前程序备份到 U 盘里。

单击"主菜单"键，调出"备份与恢复"界面，单击"备份当前系统"图标，调出"备份系统"界面，单击"…"按钮，选择备份程序的路径，单击"备份"按钮，等待系统备份结束即可完成备份，操作步骤如图 3-6 所示。

二、工业机器人备份数据

在示教器上做了工业机器人备份数据后，会生成一个文件夹，存放在指定的目录下，文件夹名称是"系统名称_Backup_日期"，例如"System3_Backup_20220922"。

主文件夹下共有 4 个二级文件夹和一个 XML 文件，在熟悉系统设定的代码语法后，可以直接对这些备份文件的代码进行修改。

备份文件和各个文件夹的功能如下：

"sytem.xml"是存储系统设定（密码、选项等）的文件；

"BACKINFO"是存放工业机器人版本、序列号等信息的文件夹，包括当前工业机器人的备份信息，包括 license 等，可以查看，但不建议进行编辑。

"HOME"文件夹是在备份时工业机器人将硬盘的"HOME"备份，包括了两个文件，分别是链接信息和用户信息。

"RAPID"文件夹中的文件是保存备份 RAPID 程序，这是最常用的备份信息，包含了整个程序文件夹，依据示教器中的程序结构进行建立，其中 Progmod 是程序模块，Sysmod 是系统模块，CalibData 是工具数据，MainModule 是程序模块。这 4 个文件可以用记事本（文本文档）打开，如果熟悉 ABB 的程序结构，可以自行修改代码，之后再导入到系统中，这样编程比在示教器中编程要快捷方便。

"SYSPAR"是存放系统参数的文件夹，里面有 6 个文件，分别存储 I/O 板信息、信号等。

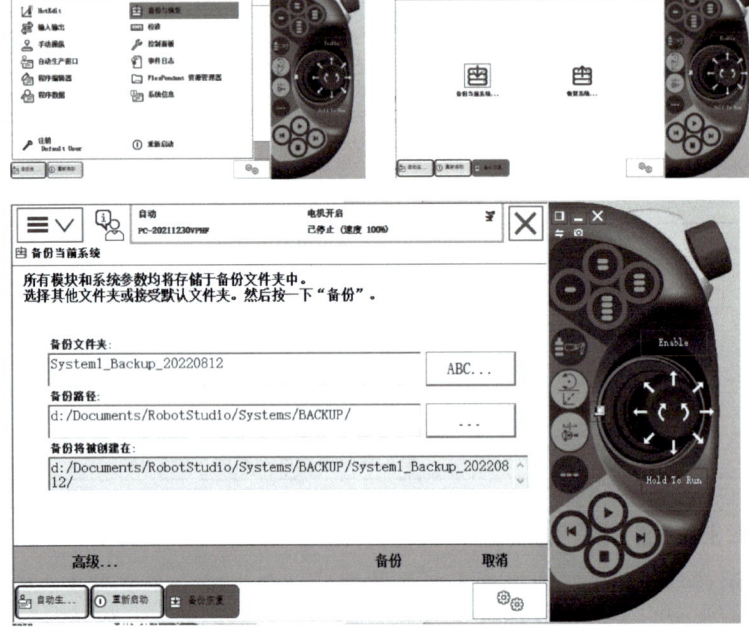

图 3-6　备份操作

2. 数据恢复操作

当工业机器人系统出现问题或者重新安装新系统以后，可以通过备份快速地把工业机器人恢复到备份时的状态。

同数据备份操作一样，调出"备份与恢复"界面，单击"恢复系统…"图标，调出"恢复系统"界面，如图 3-7 所示，单击"…"按钮，选择 U 盘里可用备份程序的文件，单击"恢复"按钮，等待系统恢复程序并自动重启工业机器人控制器，恢复完成。

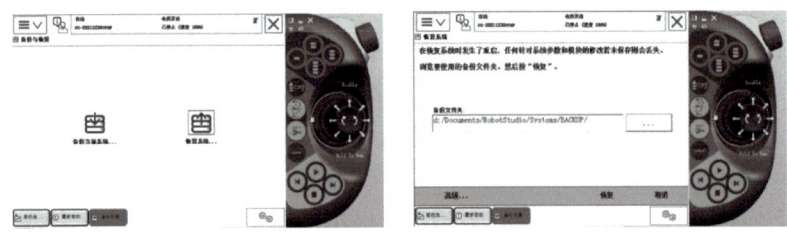

图 3-7　恢复备份操作

任务一测评

1. 知识测评

确定本任务关键词，按重要程度进行关键词排序并举例解读。

根据自己对重要信息的捕捉、排序、表达、创新和划分权重的能力进行自评，满分100分，见表3-3。

表3-3 工业机器人示教器基本操作知识测评表

序号	关键词	举例解读	评分自定
1			
2			
3			
4			
5			
		总分	

2. 能力测评

完成表3-4所列作业内容评分，操作规范可得分，操作错误或未操作得零分。

表3-4 工业机器人示教器基本操作能力测评表

序号	能力点	配分	得分
1	示教器的信息查看	30	
2	示教器系统备份及备份文件查阅	50	
3	示教器系统恢复	20	
	总分	100	

3. 素养测评

完成表3-5所列素养点评分，做到可得分，未做到得零分。

表3-5 工业机器人示教器基本操作素养测评表

序号	素养点	配分	得分
1	学习纪律	20	
2	操作过程规范	20	
3	严谨认真、一丝不苟精神	20	
4	互相帮助、团队精神	20	
5	学习环境符合"8S"管理要求	20	
	总分	100	

4. 拓展训练

查阅资料，写出发那科（FANUC）工业机器人系统恢复和备份的步骤。

任务二　工业机器人示教点定义

工业机器人示教点的定义

步骤一：硬件安装

1. 安装前准备

在实训台上准备没有安装工具的工业机器人本体一台，如图3-8所示。

图3-8　未安装工具的工业机器人本体

在工具桌上准备相关末端定位销和定位辅助工具一套，十字螺钉旋具1只和内六角扳手1只，如图3-9所示。

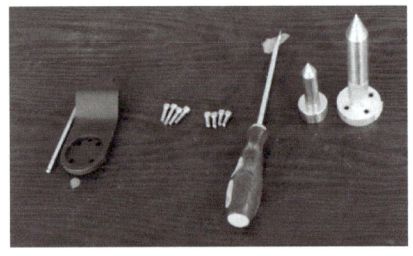

图3-9　末端定位销和定位辅助工具

相关知识

一、程序数据

ABB工业机器人常用的程序类型有76个，并可以根据实际需要进行程序数据的创建。在示教器的"程序数据"窗口，可以查看和创建所需要的程序数据。

本任务中的示教点P0数据定义的数据类型是"jointtarget"，P1的数据类型是"robtarget"。

1. 变量VAR

在程序执行的过程中和停止时，会保持当前的值。但如果程序指针被移到主程序后，数值丢失。例如"VAR num reg1：=0"。其中"：="表示的是对程序数据进行赋值。赋值可以是一个常量或数学表达式。

2. 可变量PERS

无论程序的指针如何，都会保持最后赋予的值。例如"PERS num reg2：=1"。

3. 常量CONST

在定义时已赋予了数值，不能在程序中进行修改。例如"CONST num reg3：=9.81"。

在后期使用过程中会用到后面的重要的3个数据：

1）有效载荷"LOADDATA"，用于搬运工作站。

2）工件坐标"WOBJDATA"定义工件相对于大地坐标系（或其他坐标系）的位置。

3）工具坐标"TOOLDATA"用于描述安装在工业机器人第6轴上工具的TCP、质量、重心等参数数据。ABB工业机器人预定义的工具坐标Tool0的TCP点在第6轴法兰盘中心。

二、示教器的快捷键

示教器触摸屏界面有快捷按钮，了解这些快捷按钮选项的作用能够使操作人员更方便地操作，图3-11中对快捷按钮做了说明，下面具体了解一下这些快捷选项的作用。

2. 安装定位销和定位辅助工具

使用螺钉旋具和内六角扳手将末端定位销和定位辅助工具分别安装到工业机器人的法兰盘和工具架上，并操作示教器将工业机器人手动操纵运动到如图3-10所示的位置。

图3-10 安装完成示意图

步骤二：手动操纵机器人

手动操纵工业机器人的具体步骤见表3-6。

表3-6 手动操纵机器人的步骤

操作步骤	示教器界面
1）将控制柜的钥匙开关选到"手动限速"模式	自动限速 手动限速 机器人自动手动选择

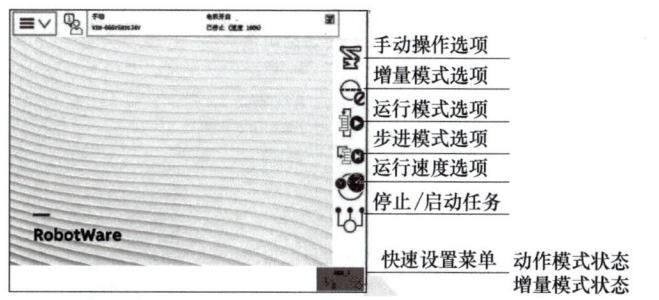

图3-11 快捷按钮说明

工业机器人的手动操作

手动操纵选项设置的步骤见表3-7。

表3-7 手动操纵选项设置的步骤

操作步骤	示教器界面
1）单击右下角快捷菜单按钮，弹出快捷选项图标	
2）单击"手动"按钮，再单击"显示详情"按钮	

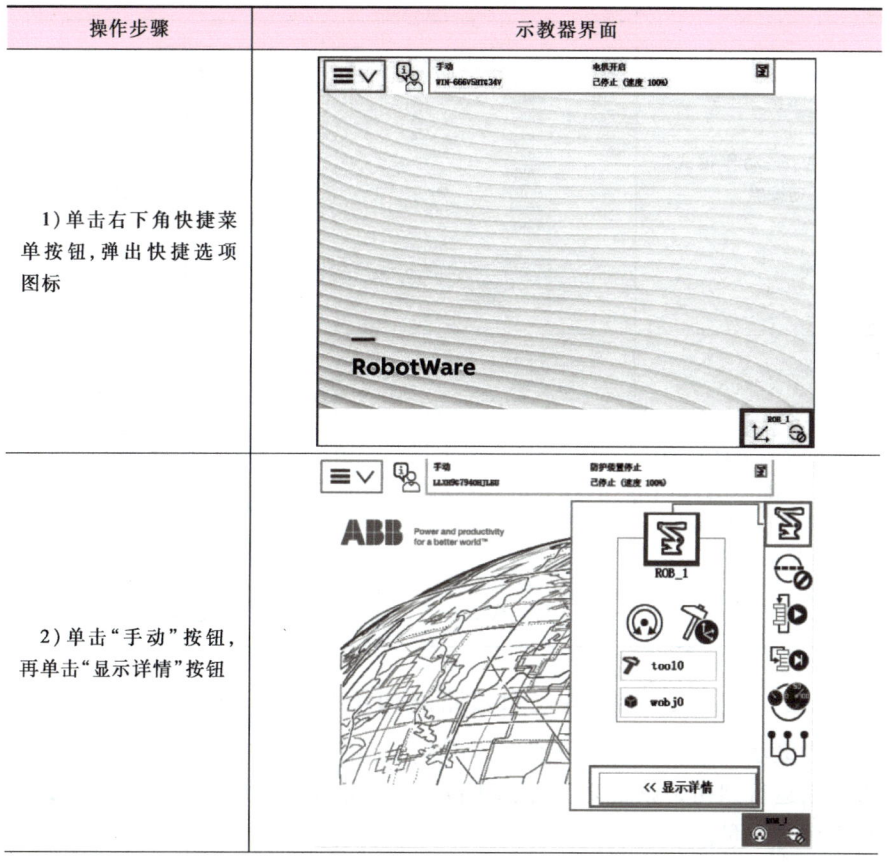

（续）

操作步骤	示教器界面
2）在状态栏中，确认工业机器人的状态已切换为"手动"	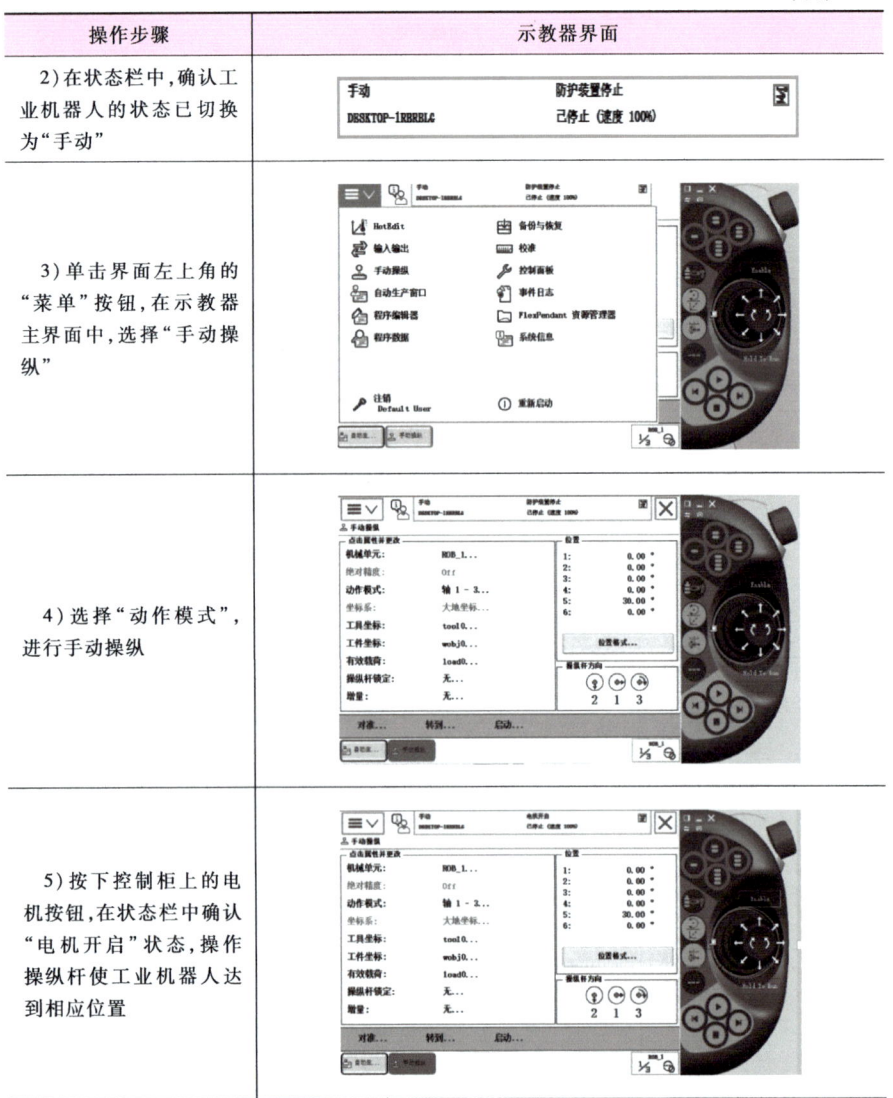
3）单击界面左上角的"菜单"按钮，在示教器主界面中，选择"手动操纵"	
4）选择"动作模式"，进行手动操纵	
5）按下控制柜上的电机按钮，在状态栏中确认"电机开启"状态，操作操纵杆使工业机器人达到相应位置	

步骤三：定义工业机器人示教原点和示教点

操纵示教器，调整运行速度为100，应用各种增量模式，让工业机器人分别运行到初始原点P0以及P1位置，通过建立程序数据变量的形式增加点位置变量。

（续）

操作步骤	示教器界面
3）右图所示为手动操纵快捷菜单栏	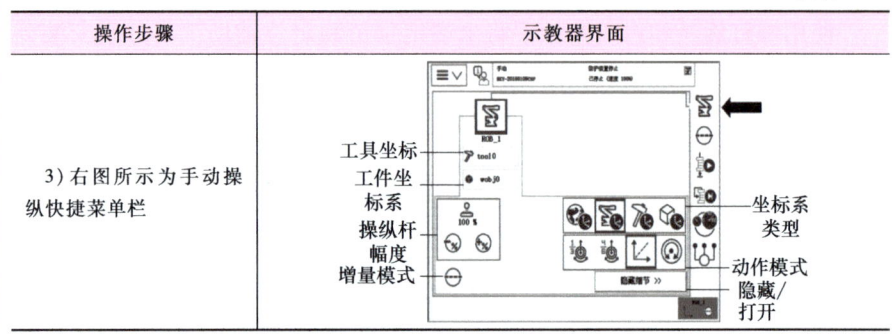

三、增量模式和运动速度的设置

1. 增量模式的设置

增量模式设置的具体步骤见表3-8。

表3-8 增量模式设置的具体步骤

操作步骤	示教器界面
1）单击右下角快捷菜单按钮，弹出快捷选项图标	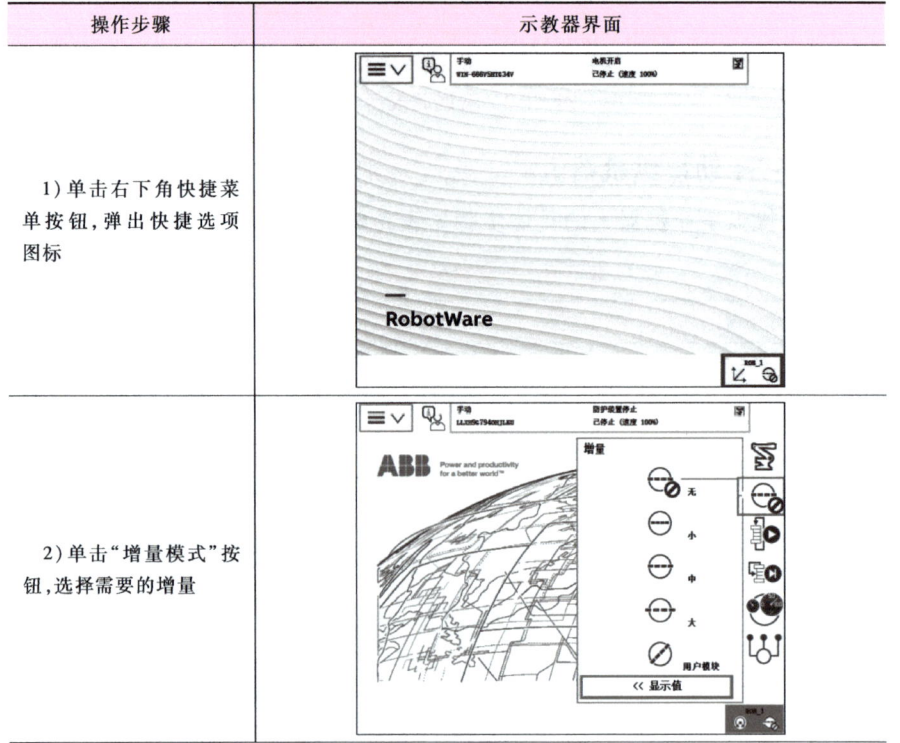
2）单击"增量模式"按钮，选择需要的增量	

注意：P0 的数据类型是"jointtarget"，P1 的数据类型是"robtarget"。以 P1 点的位置数据建立为例，具体步骤见表 3-9。

表 3-9 位置数据建立的步骤

操作步骤	示教器界面
1）进入主界面菜单，选中"程序数据"	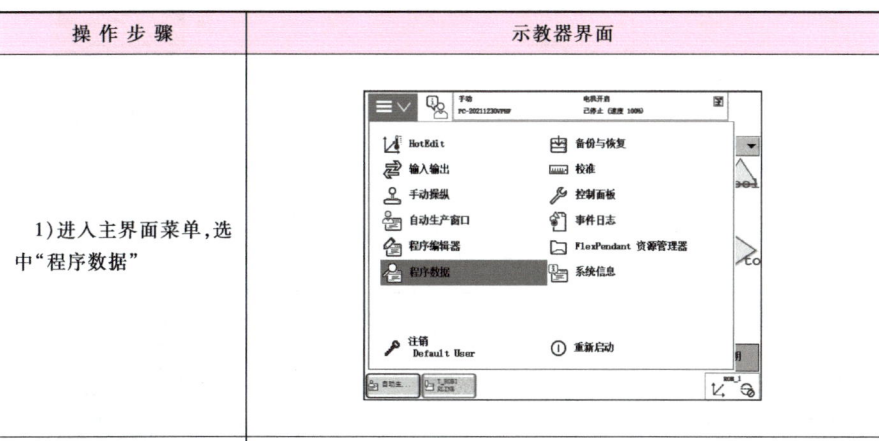
2）选中正确的数据类型，P1 数据类型是"robtarget"，选中后，单击"显示数据"按钮，然后选择"新建…"按钮，进入"变量设置"界面。如果没有需要的数据类型，单击左下角的"视图"按钮，选择"全部数据类型"，则显示所有数据类型，再选择需要的数据类型	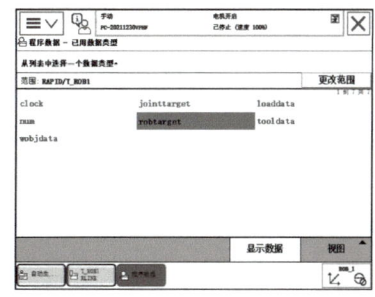 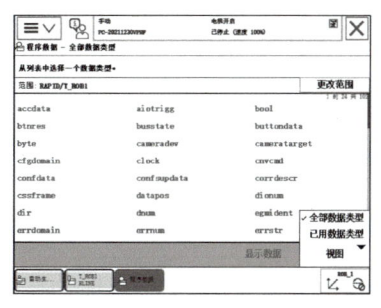

（续）

操作步骤	示教器界面
3）增量设置栏如图所示	

可根据需要选择增量的移动距离，表 3-10 是增量对应的移动距离。当增量为"无"时，速度最快，且速度与操纵杆的拨动幅度有关。在增量模式下，操纵杆每位移一次，工业机器人就移动一步。如果操纵杆持续工作一秒或数秒钟，工业机器人就会持续移动（速率为 10 步/s）。用户也可自定义参数值。

表 3-10 增量对应变化表

增量	移动距离/mm	角度/(°)	增量	移动距离/mm	角度/(°)
小	0.05	0.005	大	5	0.2
中	1	0.02	用户	自定义	自定义

2. 运行速度的设置

运行速度设置的具体步骤见表 3-11。

表 3-11 运行速度设置的具体步骤

操作步骤	示教器界面
1）单击右下角快捷菜单按钮，弹出快捷选项图标	

（续）

操 作 步 骤	示教器界面
3）将工业机器人手动操纵运动到右侧图中P1点的位置后，在示教器上选中P1，单击"编辑"按钮，选中"修改位置"，完成变量数据修改	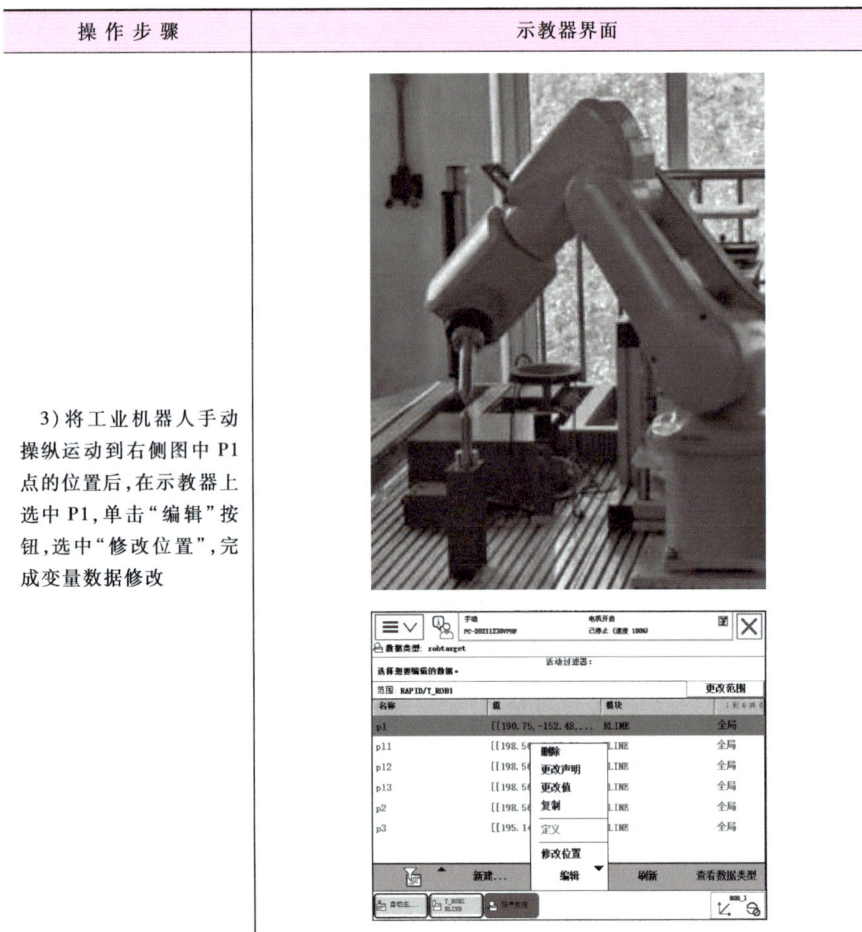

（续）

操 作 步 骤	示教器界面
2）选择运行速度设置键，进行速度设置	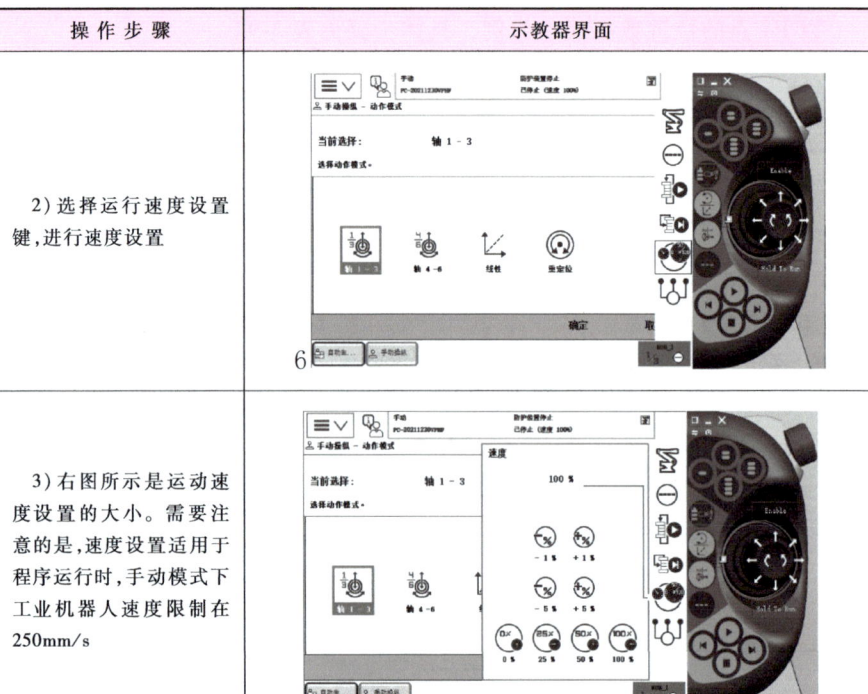
3）右图所示是运动速度设置的大小。需要注意的是，速度设置适用于程序运行时，手动模式下工业机器人速度限制在250mm/s	

任务二测评

1. 知识测评

确定本任务关键词，按重要程度进行关键词排序并举例解读。

根据自己对重要信息的捕捉、排序、表达、创新和划分权重的能力进行自评，满分100分，见表3-12。

表3-12 工业机器人示教点定义知识测评表

序号	关键词	举例解读	评分自定
1			
2			
3			
4			
5			
		总分	

2. 能力测评

完成表3-13所列作业内容评分，操作规范可得分，操作错误或未操作得零分。

表3-13 工业机器人示教点定义能力测评表

序号	能力点	配分	得分
1	工业机器人运动速度的调节	20	
2	工业机器人增量模式的调节	20	
3	工业机器人手动操作	20	
4	工业机器人示教点的定义	40	
	总分	100	

3. 素养测评

完成表3-14所列素养点评分，做到可得分，未做到得零分。

表3-14 工业机器人示教点定义素养测评表

序号	素养点	配分	得分
1	学习纪律	20	
2	操作过程规范	20	
3	严谨认真、一丝不苟精神	20	
4	互相帮助、团队精神	20	
5	学习环境符合"8S"管理要求	20	
	总分	100	

4. 拓展训练

手动操纵工业机器人分别到达工具架的4个顶点，如图3-12所示，分别定义出工业机器人4个示教点，简要写出操作步骤。

图3-12 工具架示意图

拓展阅读——工业机器人的应用

从工业机器人应用结构来看，目前搬运仍然是工业机器人的第一大应用领域，占其整体应用的38%，其次是焊接机器人，占比为29%，第三为装配机器人，占比为10%。

(1) 搬运机器人　搬运机器人是可以进行自动化搬运作业的工业机器人，它由执行机构、驱动机构和控制机构3部分组成。执行机构中的手部夹持器（亦称抓取机构，如吸盘、机械手爪等）是用来握持工件或工具的部件，其结构由被握持工件的形状、尺寸、质量、材料及表面状态而定。因此，搬运机器人可完成不同形状、不同状态的工件搬运，有效将搬运人员从繁重的劳动中解放出来。在国外机械搬运生产线上，智能化的搬运机械手应用较多，发展较快，目前主要用于机床、模锻压力机的上下料，自动装配流水线、集装箱等的自动搬运。搬运机器人可按照事先编定的作业程序完成规定的操作，但还不具备任何传感反馈能力，不能应付外界的变化。

(2) 码垛机器人　码垛机器人可完成重物抓取、搬运、翻转、对接、微调角度等三维空间移载动作，为物料上下线和生产部品组装提供理想的搬运和组装工具。它可以代替人工进行货物的分类、搬运和装卸工作，或代替人类搬运危险物品，如放射性物质、有毒物质等，可降低工人的劳动强度，提高生产和工作效率，实现自动化、智能化、无人化的目标。就提高生产规模和生产效率而言，码垛机器人正发挥着越来越重要的作用，其广泛应用于食品、饮料、化工、塑料、啤酒等行业的产品搬运及成品包装等。

(3) 焊接机器人　焊接机器人其实就是在焊接生产领域代替焊接人员从事焊接任务的工业机器人。因焊接环境中存在电弧、烟尘、有毒气体、辐射等因素，焊接被列为特殊工种，对于长期处于焊接环境下的工人来说，会对身体产生不利的影响。而焊接机器人能够保证在恶劣环境下连续稳定地工作，且高效率地保证产品的焊接质量，使其成为工业机器人目前较大的应用领域，这也标志着焊接自动化的革命性进步。

(4) 装配机器人　装配机器人是指在工业生产线中，对零件或部件进行装配的工业机器人。装配机器人是集光学、机械、微电子、自动控制和通信技术于一体的机电一体化产品，具有精度高、工作稳定、柔顺性好、动作迅速等优点，主要应用于各种电器的制造行业及汽车等流水线产品的组装作业。

(5) 涂装机器人　在汽车涂装生产线上，喷涂机器人的应用越来越广泛，其显著的优点是可以同时在同一生产线上混线生产多种车型，提升了涂装的自动化程度及生产效率，其六轴或七轴的运动轴系比传统的往复机和自动喷涂机更灵活。与传统的机械喷涂相比，采用喷涂机器人喷涂有两个突出的优点：一是可以减少大约30%~40%的喷枪数量；二是提高了喷涂的速度。

项目四 工业机器人手动操作

一、项目描述

熟练进行工业机器人系统的单轴运动、线性运动和重定位运动。

二、项目要求

1）掌握应用工业机器人示教器进行手动操纵的步骤。
2）熟练完成工业机器人3种运动的手动操纵。

三、项目目标

1）熟练掌握工业机器人单轴运动的操作方法和要点。
2）熟练掌握工业机器人线性运动的操作方法和要点。
3）熟练掌握工业机器人重定位运动的操作方法和要点。
4）培养学生自觉遵守工业机器人国家职业标准和要求的规定，规范操作过程，保持实训环境符合"8S"管理要求，帮助学生养成精益求精的职业习惯。
5）体会严谨的工匠精神。

四、项目学习载体

本项目在工业机器人技术应用实训装置上进行，如图4-1所示。

图4-1 工业机器人技术应用实训装置

任务一　工业机器人单轴运动

工业机器人单轴运动

步骤一：工业机器人手动自动切换

在实际操作中，需要将控制柜上的手动自动切换钥匙切换到中间手动限速模式下进行，确认示教器上方状态栏显示"手动"，如图4-2所示。然后用左手按下示教器"使能"按钮，进入电动机开启状态，在状态栏中确认"电机开启"。在示教器屏幕上显示"轴1-3"的操纵杆方向。

为了安全起见，在手动模式下，工业机器人的移动速度要小于250mm/s。

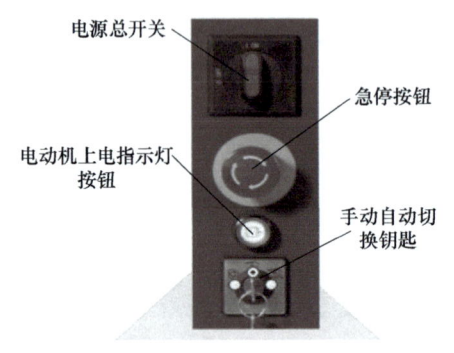

图4-2　控制柜按钮界面

单轴运动的手动操作

步骤二：工业机器人单轴运动

单轴运动的手动操纵步骤见表4-1。

表4-1　单轴运动手动操纵步骤

操作步骤	示教器界面
1）在软件中调出"虚拟示教器"。在功能选项卡中的"控制器"菜单中单击"示教器"命令，选择"虚拟示教器"子菜单	

相关知识

一、工业机器人手动和自动运行

ABB工业机器人拥有很高的灵活性，在工业机器人工作中一般有两种运行模式，一种是手动模式，另一种是自动模式。手动模式还可细分为手动限速（减速）模式和手动全速模式。在对工业机器人进行调试时，一般先采用手动限速（减速）模式进行调试工业机器人位置和程序，再通过手动全速模式来测试程序有无问题，确认无误后，最后使用自动模式让工业机器人进行生产工作。

在手动模式下，工业机器人既可以单步运行例行程序，又可以连续运行例行程序，但在运行例行程序时需要操作人员按下使能按钮并保持其在第一档，使电动机处于开启状态。而在自动模式下，按下工业机器人控制器的上电按钮后无须再手动按下使能按钮，工业机器人就可依次自动执行程序语句，并且以程序语句设定的速度值进行移动。

在手动调试工业机器人时才可选择3种运动方式，分别是工业机器人单轴运动（指定工业机器人某个轴转动）、线性运动（工具沿坐标系直线移动）和重定位运动（工具沿坐标系轴旋转）。

还需要注意的是，在工业机器人手动限速（减速）模式下，工业机器人的运行速度最高只能达250mm/s，而在手动全速模式下，工业机器人将按照程序设置的运行速度V进行移动。

工业机器人运动的动量很大，运行过程中人进入工业机器人的工作区域是很危险的，为了确保安全，工业机器人系统一般都设置了急停按钮，分别位于示教器和控制柜上。无论在什么情况下，只要按下急停按钮，工业机器人就会停止运行。

工业机器人紧急停止之后，示教器的使能按钮将失去作用，必须手动恢复急停按钮才能使工业机器人重新恢复运行。

二、单轴运动的概念

一般情况下，ABB工业机器人是由6个伺服电机分别驱动工业机器人的6个关节轴，那么每次手动操纵一个关节轴的运动，就称之为单轴运动，如图4-3所示。

(续)

操作步骤	示教器界面
2）从"虚拟示教器"界面打开虚拟控制面板，将钥匙开关选到手动限速模式	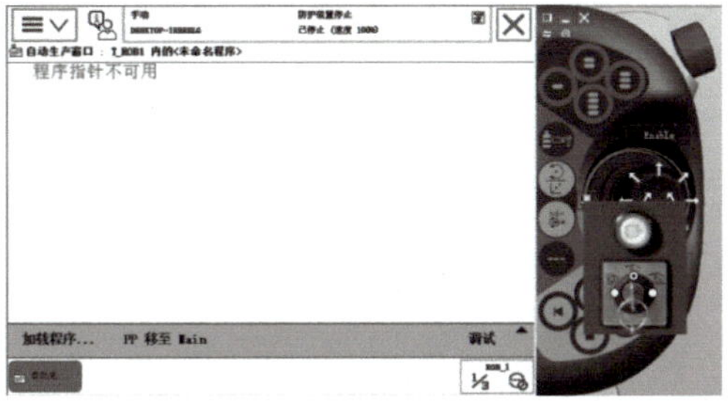
3）在状态栏中，确认工业机器人的状态已切换为"手动"	
4）单击左上角的"菜单"按钮，在示教器主界面中，选择"手动操纵"	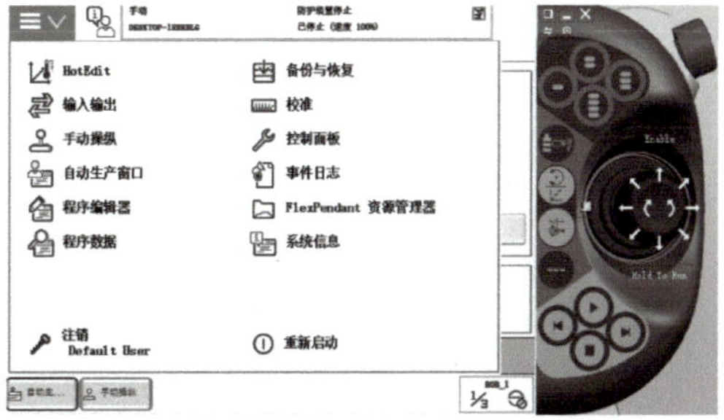
5）选择"动作模式"，进入动作模式选择界面	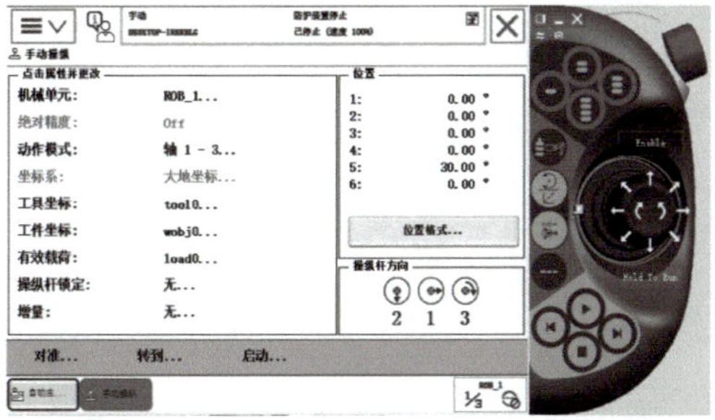

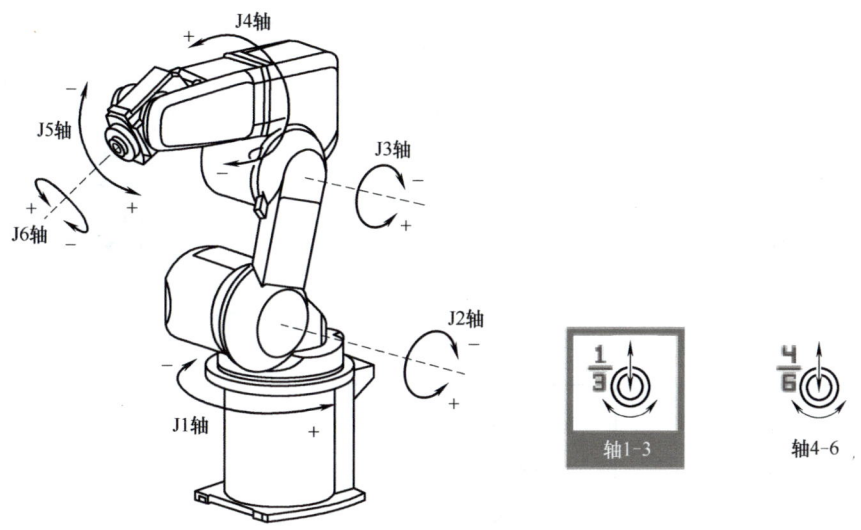

图 4-3　单轴运动示意图

(续)

操作步骤	示教器界面
6）选中"轴 1-3"，然后单击"确定"按钮。 如果选中"轴 4-6"，就可以操纵轴 4~6	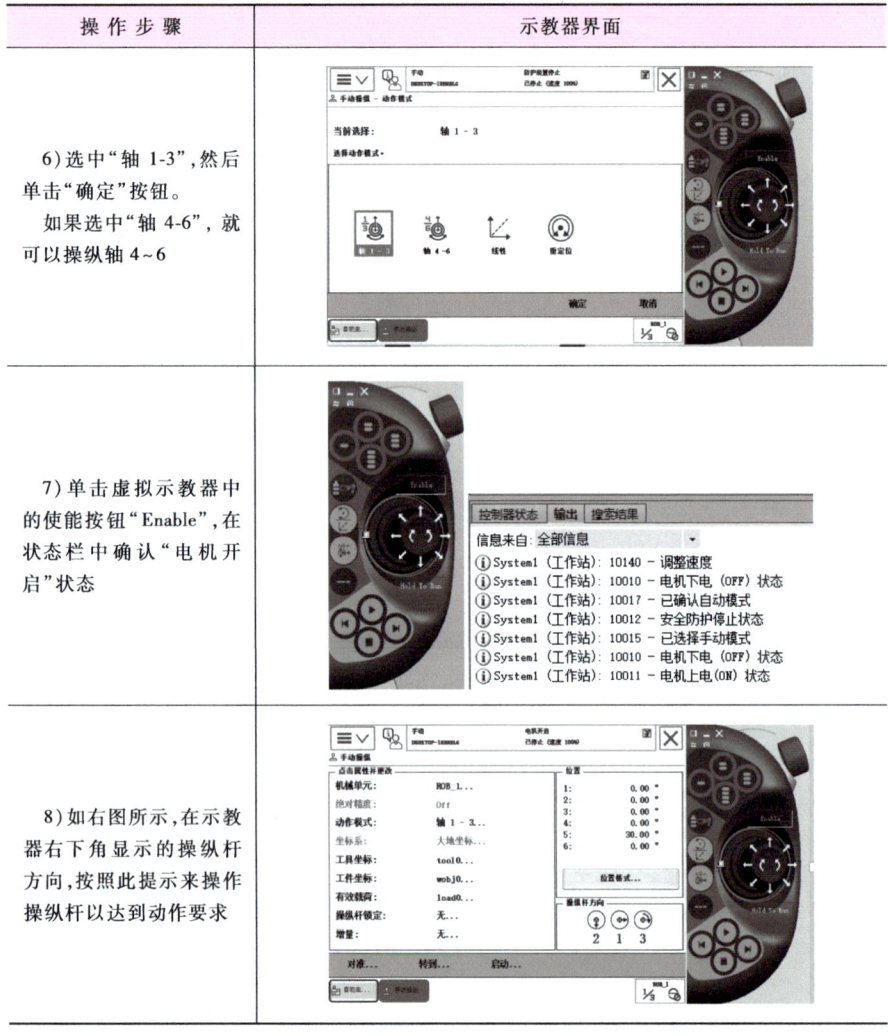
7）单击虚拟示教器中的使能按钮"Enable"，在状态栏中确认"电机开启"状态	
8）如右图所示，在示教器右下角显示的操纵杆方向，按照此提示来操作操纵杆以达到动作要求	

任务一测评

1. 知识测评

确定本任务关键词,按重要程度进行关键词排序并举例解读。

根据自己对重要信息的捕捉、排序、表达、创新和划分权重的能力进行自评,满分 100 分,见表 4-2。

表 4-2 工业机器人单轴运动知识测评表

序号	关键词	举例解读	评分自定
1			
2			
3			
4			
5			
总分			

2. 能力测评

完成表 4-3 所列作业内容评分,操作规范可得分,操作错误或未操作得零分。

表 4-3 工业机器人单轴运动能力测评表

序号	能力点	配分	得分
1	示教器的信息查看	20	
2	工业机器人的第 1~3 轴的手动运动	40	
3	工业机器人的第 4~6 轴的手动运动	40	
总分		100	

3. 素养测评

完成表 4-4 所列素养点评分,做到可得分,未做到得零分。

表 4-4 工业机器人单轴运动素养测评表

序号	素养点	配分	得分
1	学习纪律	20	
2	操作过程规范	20	
3	严谨认真、一丝不苟精神	20	
4	互相帮助、团队精神	20	
5	学习环境符合"8S"管理要求	20	
总分		100	

4. 拓展训练

手动操纵工业机器人以单轴运动模式,将工业机器人运动到如图 4-4 所示位置,其中工业机器人 6 个轴的角度分别为轴 1(0°)、轴 2(-1°)、轴 3(-20°)、轴 4(0°)、轴 5(70°)、轴 6(0°)。

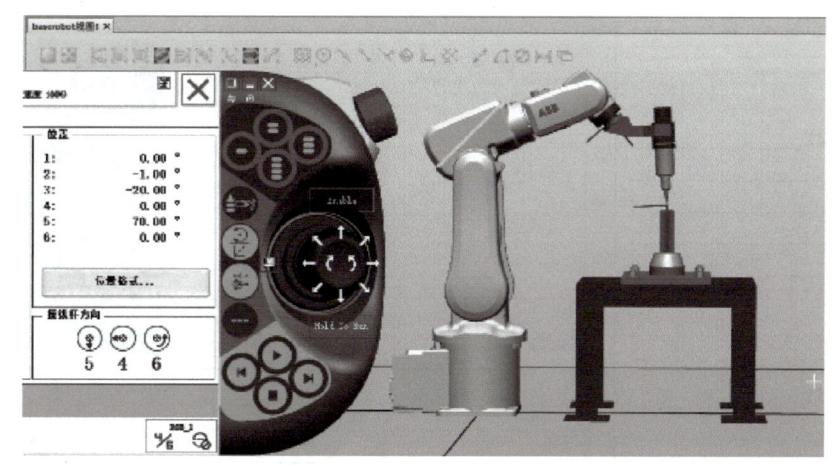

图 4-4 单轴运动位置示意图

任务二　工业机器人线性运动

工业机器人线性运动

步骤一：本体安装

工业机器人线性运动手动操作步骤与单轴运动模式操作类似，请仿照单轴运动手动操纵步骤，将工业机器人线性运动手动操纵步骤填写到表 4-5 中。

线性运动的手动操作

表 4-5　工业机器人线性运动手动操纵步骤

操作步骤	示教器界面
1) ＿＿＿	
2) ＿＿＿	
3) ＿＿＿＿＿＿＿＿＿＿＿＿＿＿＿＿＿＿＿＿＿＿＿＿＿＿＿＿＿	

相关知识

一、示教器的快捷键

根据前面所学知识，完成表 4-6 的内容。

表 4-6　快捷键的名称和作用

快捷键	名称	作用

二、工业机器人系统的坐标系

工业机器人的线性运动是指安装在工业机器人第六轴法兰盘上工具的 TCP 在空间中做线性运动。TCP 是工具中心点 Tool Center Point 的简称，工业机器人有一个默认的工具中心点，它位于工业机器人安装法兰的中心。如果安装工具，可以选择工具的中心为 TCP，如图 4-5 所示。

(续)

操作步骤	示教器界面
4) _____	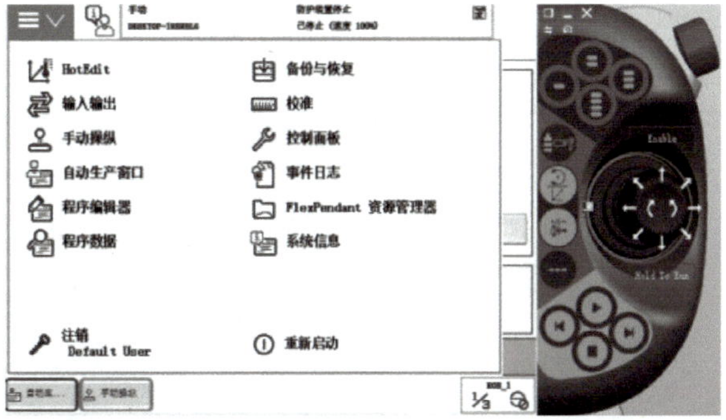
5) _____	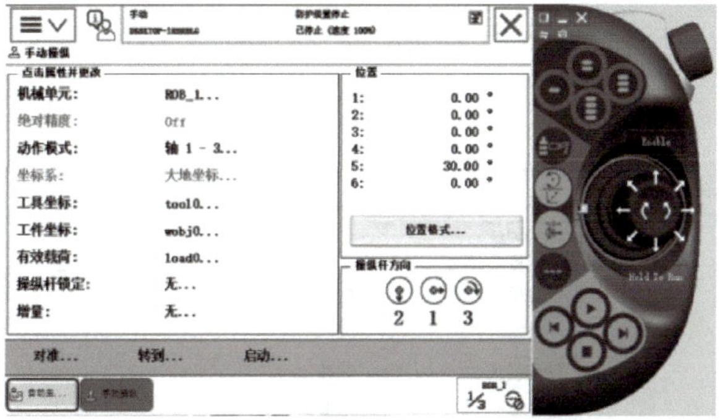
6) _____	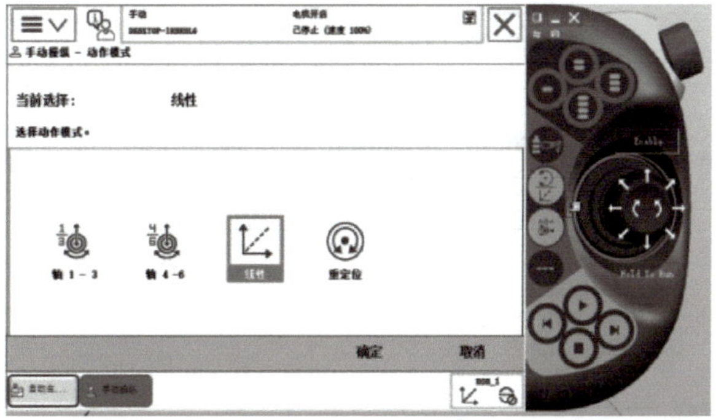

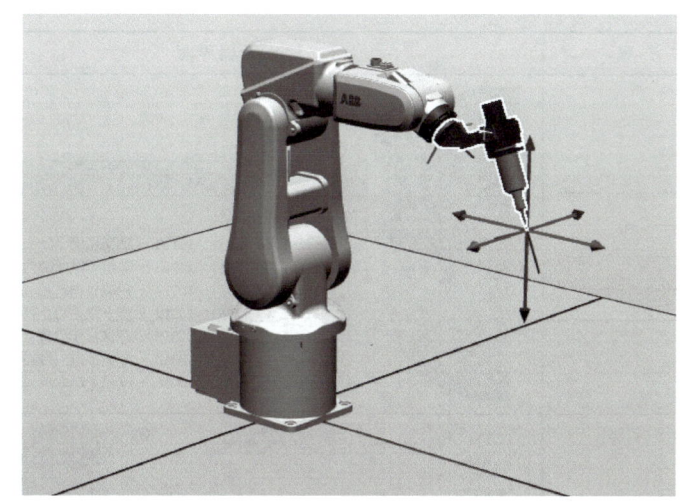

图4-5 TCP图示

工业机器人做线性运动时要指定坐标系。

工业机器人系统中一般大地坐标和基坐标是一致的。大地坐标、基坐标、工具坐标一旦设定完成，这三个坐标原点位置以及 X、Y、Z 轴方向是保持固定不变的，而工具坐标的原点位置和 X、Y、Z 轴方向是随工业机器人轴运动而变化的。

坐标系选择了工具坐标，则要在工具坐标行指定是哪个工具坐标，是系统默认的 tool0 还是新建的其他工具坐标。

系统默认工具坐标 tool0，在工业机器人第5轴垂直朝上时，工具坐标和基坐标的方向是一致的，如图4-6所示。

在手动操纵工业机器人进行线性运动之前，需要在工具坐标选择界面中指定对应的工具，单击"工具坐标"，如图4-7所示。

(续)

操作步骤	示教器界面
7) _____	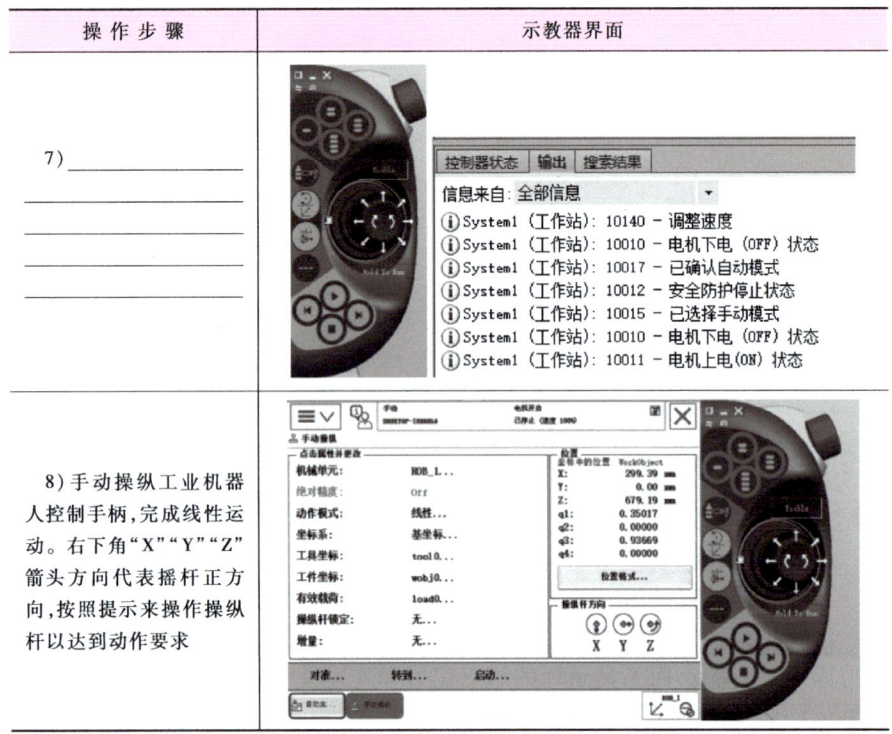
8) 手动操纵工业机器人控制手柄,完成线性运动。右下角"X""Y""Z"箭头方向代表摇杆正方向,按照提示来操作操纵杆以达到动作要求	

步骤二:示教器摇杆操作方向

操作人员面向工业机器人站立,请在表4-7中填写基坐标系下工业机器人移动方向。

表4-7 工业机器人摇杆操作方向与工业机器人移动方向对应表

摇杆操作方向	工业机器人移动方向
操作方向为操作人员前后方向	
操作方向为操作人员左右方向	
操作方向为操纵杆正反旋转方向	
操作方向为操纵杆倾斜方向	

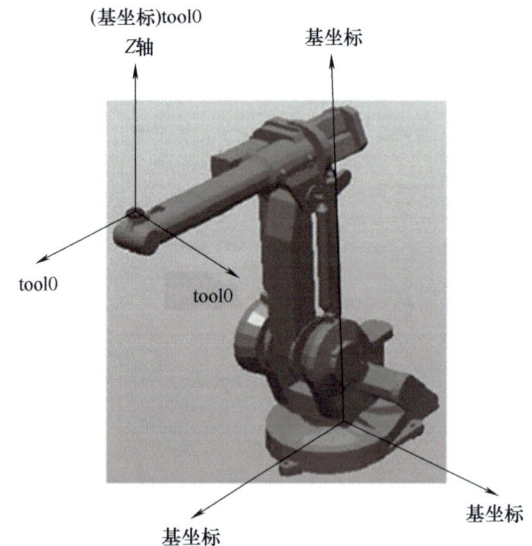

图4-6 坐标系关系示意图

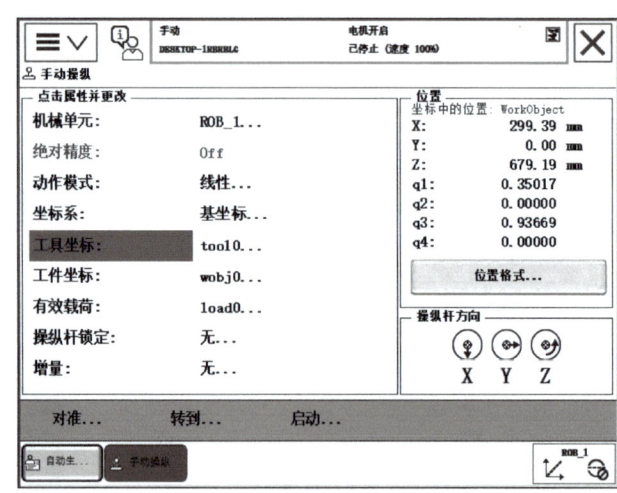

图4-7 "工具坐标"选择界面

任务二测评

1. 知识测评

确定本任务关键词，按重要程度进行关键词排序并举例解读。

根据自己对重要信息的捕捉、排序、表达、创新和划分权重的能力进行自评，满分 100 分，见表 4-8。

表 4-8　工业机器人线性运动知识测评表

序号	关键词	举例解读	评分自定
1			
2			
3			
4			
5			
总分			

2. 能力测评

完成表 4-9 所列作业内容评分，操作规范可得分，操作错误或未操作得零分。

表 4-9　工业机器人线性运动能力测评表

序号	能力点	配分	得分
1	线性运动操作	80	
2	摇杆方向	20	
总分		100	

3. 素养测评

完成表 4-10 所列素养点评分，做到可得分，未做到得零分。

表 4-10　工业机器人线性运动素养测评表

序号	素养点	配分	得分
1	学习纪律	20	
2	操作过程规范	20	
3	严谨认真、一丝不苟精神	20	
4	互相帮助、团队精神	20	
5	学习环境符合"8S"管理要求	20	
总分		100	

4. 拓展训练

手动操纵工业机器人以线性运动模式，将工业机器人 TCP 点位置向 Z 轴正方向偏移 100mm，简要写出操作步骤。

任务三　工业机器人重定位运动

工业机器人重定位运动

重定位运动操作步骤

手动操纵工业机器人重定位运动的步骤与单轴、线性运动模式手动操纵类似，请填写完善表 4-11 中的步骤。

重定位运动
的手动操作

表 4-11　工业机器人重定位运动手动操纵步骤

操作步骤	示教器界面
1) _____ _____ _____ _____	
2) _____ _____ _____ _____	
3) _____ _____ _____ _____ _____ _____	

相关知识

一、重定位运动

工业机器人的重定位运动是指工业机器人第 6 轴法兰盘上的 TCP 点在空间绕着坐标轴旋转的运动，也可以理解为工业机器人绕着 TCP 点做姿态调整的运动，如图 4-8 所示。

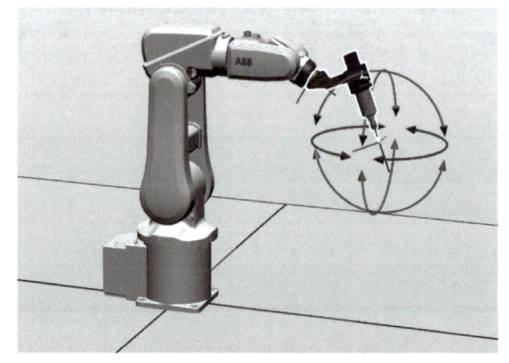

重定位运动

图 4-8　重定位运动

工业机器人的重定位运动的手动操纵，也需要选择运动所参考的坐标系，在工具坐标选择界面中，单击"坐标系"，选中"工具"，然后单击"确定"按钮，如图 4-9 所示。

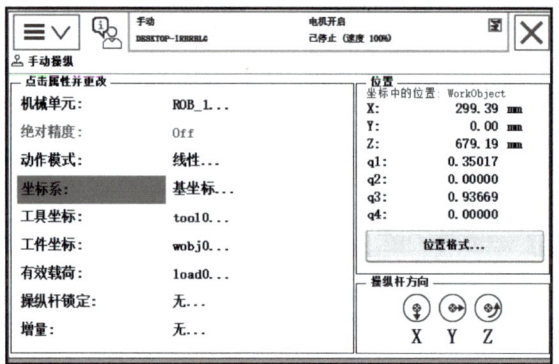

图 4-9　坐标系选择

（续）

操作步骤	示教器界面
4) ＿＿＿＿＿＿	
5) ＿＿＿＿＿＿	
6) ＿＿＿＿＿＿	
7) ＿＿＿＿＿＿	
8) 手动操纵工业机器人控制手柄，完成重定位运动。右下角显示 X、Y、Z 轴的操纵杆方向，黄箭头代表正方向，X、Y、Z 分别表示工业机器人工具绕着 X、Y、Z 轴旋转	

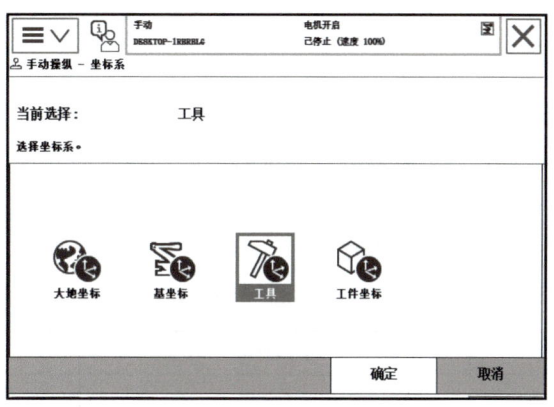

图 4-9 坐标系选择（续）

二、手动模式

在手动模式下，工业机器人既可以单步运行例行程序，又可以连续运行例行程序，但在运行例行程序时需要操作人员按下并保持使能按钮在第一档，使电动机处于开启状态。而在自动模式下，按下工业机器人控制器的上电按钮后无须再手动按下使能按钮，工业机器人就可依次自动执行程序语句，并且以程序语句设定的速度值进行移动。

在手动操纵、调试工业机器人时才可选择 3 种运动方式，分别是工业机器人单轴运动（指定工业机器人某个轴转动）、线性运动（工具沿坐标系直线移动）和重定位运动（工具沿坐标系轴旋转）。

任务三测评

1. 知识测评

确定本任务关键词,按重要程度进行关键词排序并举例解读。

根据自己对重要信息的捕捉、排序、表达、创新和划分权重的能力进行自评,满分100分,见表4-12。

表4-12 工业机器人重定位运动知识测评表

序号	关键词	举例解读	评分自定
1			
2			
3			
4			
5			
		总分	

2. 能力测评

完成表4-13所列作业内容评分,操作规范可得分,操作错误或未操作得零分。

表4-13 工业机器人重定位运动能力测评表

序号	能力点	配分	得分
1	重定位运动	100	
	总分	100	

3. 素养测评

完成表4-14所列素养点评分,做到可得分,未做到得零分。

表4-14 工业机器人重定位运动素养测评表

序号	素养点	配分	得分
1	设备及工具检查	25	
2	工业机器人安全操作	25	
3	工业机器人清洁校准	25	
4	工位摆放符合"8S"管理要求	25	
	总分	100	

4. 拓展训练

手动操纵工业机器人以重定位运动模式运动,将工业机器人工具调整到如图4-10所示位置,并写出操作步骤。

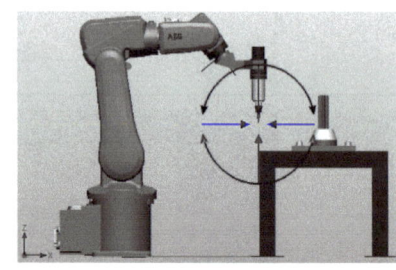

图4-10 工业机器人重定位运动位置示意图

拓展阅读——六轴关节机器人的工作原理

六轴关节机器人又称之为"六自由度型机器人"。其基本结构为6个转轴,由7个部件和6个关节连接而成,拥有6个自由度,每个转轴均为旋转关节,具有与外界交互性能良好的开式结构。

绝大多数的六轴关节机器人以机座回转式的机身部件为基础,它的作用是直接连接、支承和传动工业机器人的主要运动机构。

连接在机身上进行承载传动的,是工业机器人最主要的部分,亦是关节使用最多的运动机构,通常为机械臂形式的手臂部件(简称:臂部)。手臂部件是由与机身部件相连接的大臂带动的第二关节、第三关节和小臂与手部组成的第四关节所形成的。手臂部件的作用是支承腕部和手部,并带动它们在空间运动。手臂部件在六轴关节机器人的机身上,比较常使用的是"转动伸缩型臂部结构"。该类臂部结构的优点是使得工业机器人的工作范围大、适应性广,配合大角度大范围的手腕活动,使工业机器人工作时位置的适应性很强。

而在整套机械结构的末端,是其腕部及手部部件,主要由腕部与臂部连接的第四关节和手部自身旋转或者夹持所用到的第五关节、第六关节组成,主要作用是确定手部的作业方向。腕部结构的驱动部分多数安装在小臂上。确定手部的作业方向,一般需要3个自由度。这3个自由度可满足:

1) 臂转:绕小臂轴线方向的旋转,也就是第四关节的旋转。
2) 手转:使手部绕自身的轴线方向旋转,也就是第五关节的旋转。
3) 腕摆:使手部相对于臂进行摆动,也就是第六关节的旋转。

项目五　工业机器人仿真工作站的建立

一、项目描述

熟练利用仿真软件建立工业机器人仿真工作站。

二、项目要求

1）掌握工业机器人仿真软件 RobotStudio 的下载和安装方法。

2）熟练应用软件 RobotStudio 建立工业机器人仿真工作站。

三、项目目标

1）能够熟练安装 RobotStudio 软件。

2）能够熟练地对仿真软件进行授权激活操作。

3）熟悉掌握 RobotStudio 软件各个主菜单的功能以及子菜单功能。

4）识记 RobotStudio 软件常用的快捷键。

5）熟练掌握通过软件 RobotStudio 建立工业机器人虚拟工作站的方法。

6）能够打开虚拟示教器对工业机器人进行操作。

7）符合培养学生自觉遵守工业机器人国家职业标准和要求的规定，规范操作过程，保持实训环境符合"8S"管理要求，帮助学生养成精益求精的职业习惯。

8）在软件操作过程中，让学生体会耐心、执着、坚持的工作精神。

四、项目学习载体

本项目使用工业机器人仿真软件 RobotStudio 完成，如图 5-1 所示。

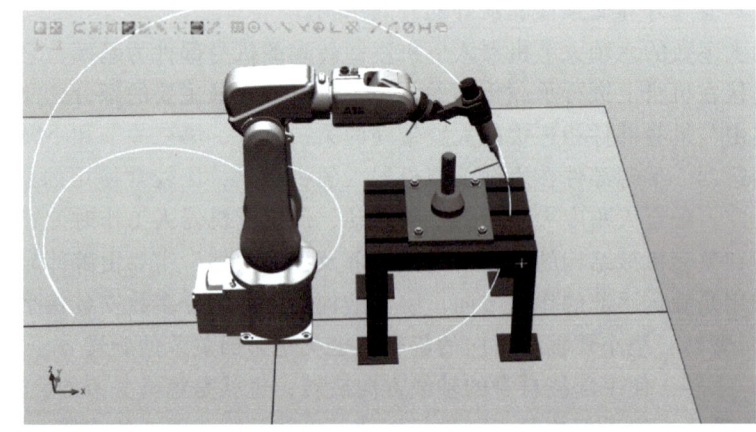

图 5-1　工业机器人仿真工作站

任务一　仿真软件 RobotStudio 安装

仿真软件 RobotStudio 的安装

步骤一：安装仿真软件 RobotStudio

在解压的文件夹中，双击 RobotStudio 的安装程序"setup.exe"文件，开始安装，如图 5-2 所示。

在安装语言选择窗口选择"中文（简体）"，然后单击"确定"按钮，如图 5-3 所示。

在欢迎界面中，单击"下一步"按钮，如图 5-4 所示。

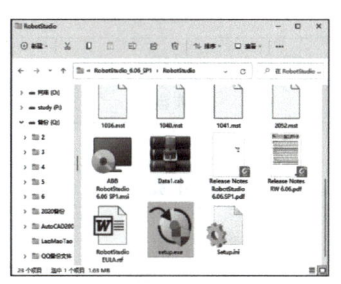

图 5-2　安装文件

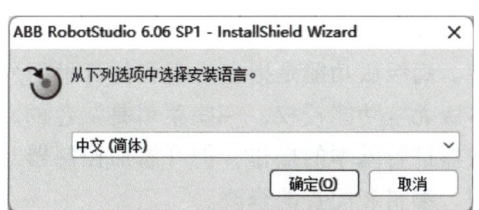

图 5-3　安装语言选择窗口

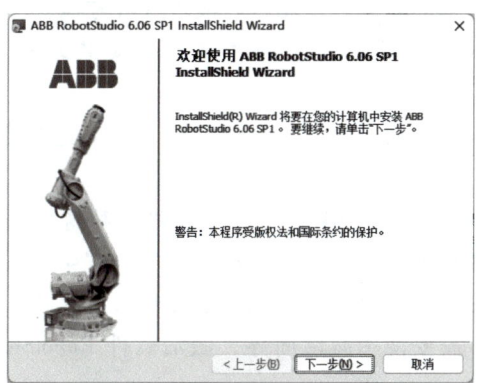

图 5-4　欢迎界面

相关知识

一、软件 RobotStudio 简介

软件 RobotStudio 是 ABB 公司专门开发的工业机器人离线编程软件，界面友好，功能强大，用于 ABB 工业机器人的组态和编程。离线编程在工业机器人实际安装前，通过可视化及可确认的解决方案和布局来降低风险，并通过创建更加精确的路径来获得更高的部件质量。而软件的正确安装与授权激活是仿真软件的使用基础。

软件 RobotStudio 有内置编程环境，支持对工业机器人控制器进行在线和离线编程。在线模式下，软件连接实际控制器，而在离线模式下，则连接虚拟控制器，在计算机上模拟实际控制器。

二、软件 RobotStudio 的下载地址

可以在 ABB 公司的官方网站下载软件 RobotStudio 的安装软件包，如图 5-5 所示。

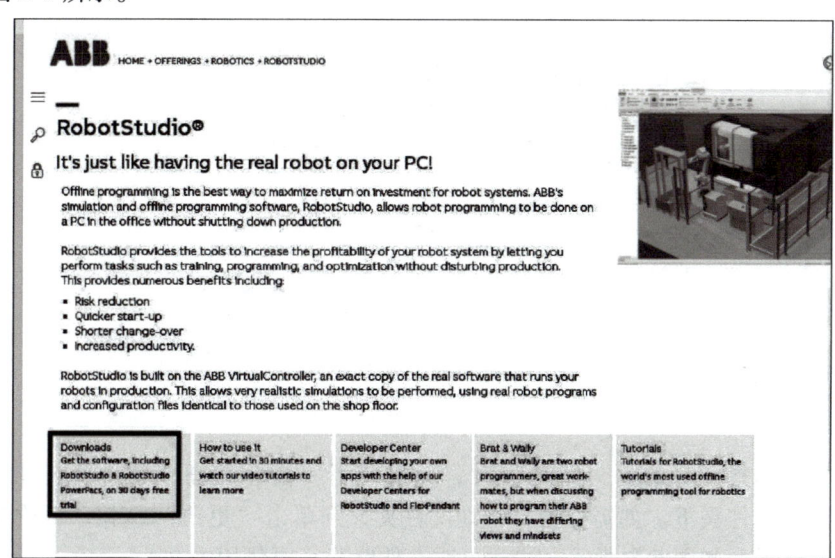

图 5-5　ABB 官方网站

在许可证协议界面中，勾选"我接受该许可证协议中的条款"，然后单击"下一步"按钮，如图 5-6 所示。

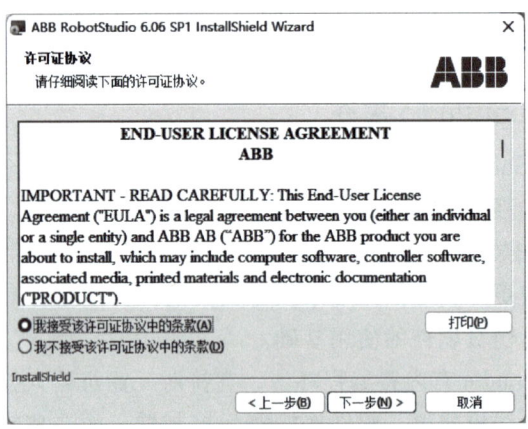

图 5-6　许可证协议界面

在隐私声明界面中，单击"接受"按钮，如图 5-7 所示。

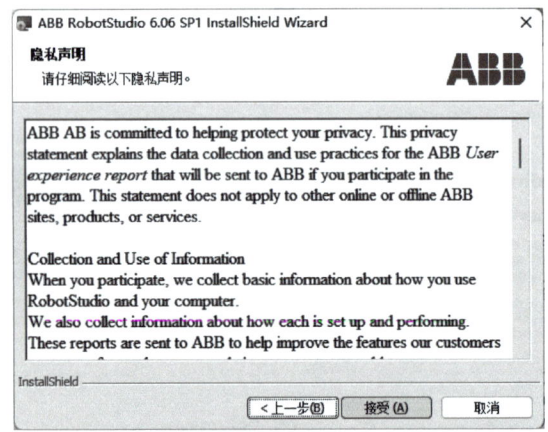

图 5-7　隐私声明界面

在选择"目的地文件夹"时，单击"下一步"按钮，软件安装在 C 盘默认文件夹下。如需变更目的地文件夹，则单击"更改"按钮，更改安装文件夹，如图 5-8 所示。注意更改文件路径不要使用中文。

三、软件 RobotStudio 的配置要求

软件 RobotStudio 6 以上的版本对硬件要求比较高，硬件和操作系统必须达到下面的要求才能正确安装。具体要求见表 5-1。

表 5-1　RobotStudio 软件运行环境

计算机硬件	要　　求
CPU	I5 或以上
内存	2GB 或以上
硬盘	空闲 20GB 以上
显卡	独立显卡
操作系统	Windows 7 或以上
其他	计算机名必须是英文 安装文件夹必须是英文

在第一次正确安装软件 RobotStudio 之后，软件提供了 30 天的全功能高级版免费试用，30 天后，如果没有进行授权激活操作，那么只能使用该软件的基本版功能。高级版功能是指在建模和仿真里面所有的组件都是可以使用的，而基本版无全功能授权，一些菜单是灰色的，不能够使用。但是仍可以使用示教器进行基本的操作，仍可添加控制器对真实的工业机器人进行在线的控制、编辑和配置的修改。

四、软件 RobotStudio 的安装失败处理

注意：如出现无法安装的情况，一般有 3 种可能：

一是系统默认的安装路径包含中文，将安装路径更改为英文即可解决。

二是计算机用户名包含中文，将计算机用户名更改为英文，重启计算机后解决。

三是缺少". net Framework"文件。遇到这种情况一般在计算机联网的情况下，可以自动下载安装，完成后再次单击"setup"文件即可继续安装。所以建议在安装过程中，计算机处于全程联网状态。

安装完成后，需要使用激活向导，激活软件 RobotStudio，否则只能使用试用版。

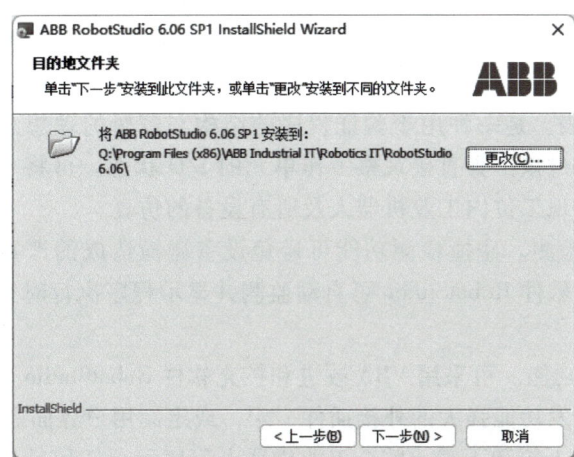

图 5-8　安装路径界面

在安装类型界面中，选择"完整安装"，单击"下一步"按钮，如图 5-9 所示。

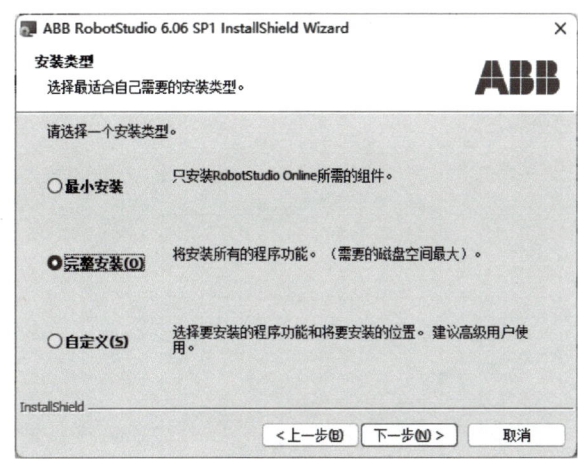

图 5-9　安装类型界面

在开始安装界面中，单击"安装"按钮，开始程序安装，如图 5-10 所示。在安装过程中，不要进行任何操作，等待安装完成，如图 5-11 所示。安装完成界面如图 5-12 所示。

五、软件 RobotStudio 的作用

工业机器人编程方法可分为示教在线编程和离线编程两种。示教在线编程难以实现复杂的工业机器人运行轨迹，而且示教的质量取决于编程者的经验。与示教在线编程相比，离线编程有如下优势：

1）减少工业机器人的停机时间，当对下一个任务进行编程时，工业机器人仍可在生产线上进行工作。

2）通过仿真功能，要预知可能会发生的问题，将问题消灭在萌芽阶段。

3）适用范围广，可对各种工业机器人进行编程，并能方便地实现优化编程。

4）可对复杂任务进行编程。

5）便于修改工业机器人程序。

工业机器人在线编程概述

工业机器人离线编程概述

六、软件 RobotStudio 的功能

软件 RobotStudio 包括如下功能：

1）CAD 导入。可方便地导入各种主流 CAD 格式的数据，包括 IGES、STEP、VRML、VDAFS、ACIS 及 CATIA 等。工业机器人程序员可依据这些精确的数据编制精度更高的工业机器人程序，提高产品质量。

2）AutoPath 功能。该功能通过使用待加工零件的 CAD 模型，只需数分钟便可自动生成跟踪加工曲线所需要的工业机器人路径。

3）程序编辑器。可生成工业机器人程序，使用户能够在 Windows 环境中离线开发或维护工业机器人程序，可显著缩短编程时间、改进程序结构。

4）路径优化。如果程序包含接近奇异点的工业机器人动作，RobotStudio 可自动检测出来并发出报警，防止工业机器人在实际运行中发生这种现象。仿真监视器是一种用于工业机器人运动优化的可视工具，红色线条显示可改进之处，以使工业机器人按照最有效的方式运行。可以对 TCP 的速度、加速度、奇异点或轴线等进行优化，缩短周期时间。

5）可达性分析。通过软件可自动进行可到达性分析，使用十分方便。用户可通过该功能任意移动工业机器人或工件，直到所有位置均可到达，在数分钟之内便可完成工作单元平面布置验证和优化。

· 61 ·

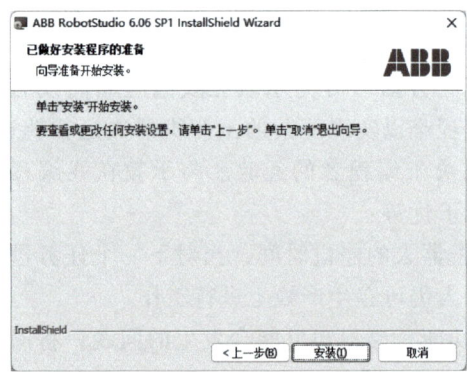

图 5-10　开始安装界面

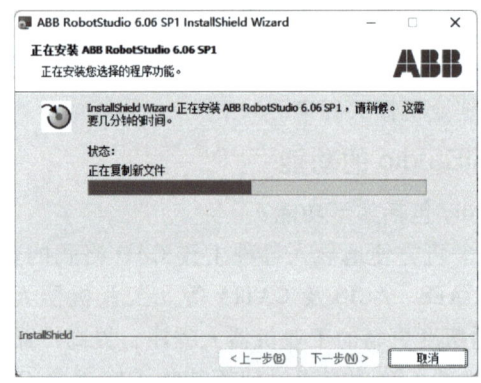

图 5-11　安装进行中界面

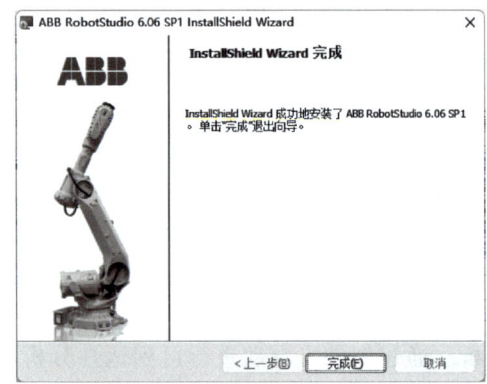

图 5-12　安装完成界面

6）虚拟示教台。是实际示教台的图形显示，其核心技术是 Virtual-Robot。从本质上讲，所有可以在实际示教台上进行的工作，都可以在虚拟示教台上完成。

7）事件表。是一种用于验证程序的结构与逻辑的理想工具。程序执行期间，可通过该工具直接观察工作单元的 I/O 状态。可将 I/O 连接到仿真事件中，实现工位内工业机器人及所有设备的仿真。

8）碰撞检测。碰撞检测功能可避免设备碰撞造成的严重损失。选定检测对象后，软件 RobotStudio 可自动监测并显示程序执行时这些对象是否会发生碰撞。

9）VBA 功能。可采用 VBA 改进和扩充软件 RobotStudio 功能，根据用户具体需要开发功能强大的外接插件、宏，或定制用户界面。

10）直接上传和下载。整个工业机器人程序无须任何转换便可直接下载到实际工业机器人系统中，该功能得益于 ABB 公司独有的 VirtualRobot 技术。

该软件的缺点是只支持 ABB 公司自己的工业机器人，与其他品牌工业机器人间的兼容性不够。

等待软件 RobotStudio 安装完成后，单击"完成"按钮，计算机桌面出现"RobotStudio 6.06"的软件图标，安装完成，如图 5-13 所示。

图 5-13　软件图标

步骤二：激活仿真软件 RobotStudio

在文件（File）菜单中，选择"选项（Option）"，然后选择"概述"下的"授权"，选择激活向导，在激活的窗口中，根据实际需要，选择许可证的选项，进行软件激活，如图 5-14 所示。

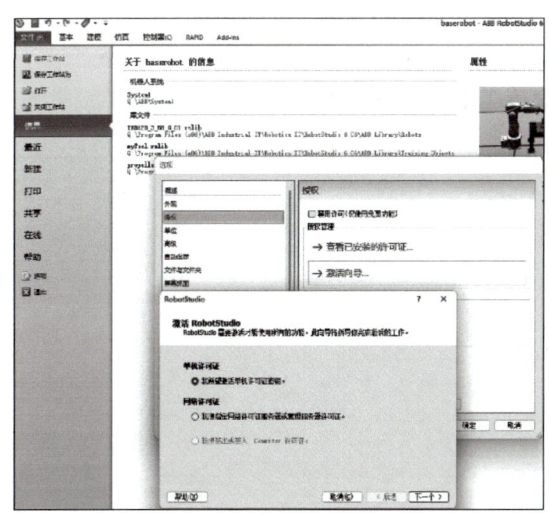

图 5-14　软件激活界面

软件激活后，在文件选项卡上，单击"选项"，选择"概述"下的"授权"，在许可授权界面的右侧选择"查看已安装的许可证"，可以查看许可授权的状态。

任务一测评

1. 知识测评

确定本任务关键词，按重要程度进行关键词排序并举例解读。

根据自己对重要信息的捕捉、排序、表达、创新和划分权重的能力进行自评，满分 100 分，见表 5-2。

表 5-2　安装仿真软件 RobotStudio 知识测评表

序号	关键词	举例解读	评分自定
1			
2			
3			
4			
5			
		总分	

2. 能力测评

完成表 5-3 所列作业内容评分，操作规范可得分，操作错误或未操作得零分。

表 5-3　安装仿真软件 RobotStudio 能力测评表

序号	能力点	配分	得分
1	安装 RobotStudio 软件	60	
2	激活 RobotStudio 软件	30	
3	打开 RobotStudio 软件	10	
	总分	100	

3. 素养测评

完成表 5-4 所列素养点评分，做到可得分，未做到得零分。

表 5-4　安装仿真软件 RobotStudio 素养测评表

序号	素养点	配分	得分
1	学习纪律	20	
2	操作过程规范	20	
3	严谨认真、一丝不苟精神	20	
4	互相帮助、团队精神	20	
5	学习环境符合"8S"管理要求	20	
	总分	100	

4. 拓展训练

查询四大家族工业机器人的仿真软件现状。

任务二　仿真软件 RobotStudio 基础操作

仿真软件 RobotStudio 的基础操作

步骤一：准备工作

1. 常用软件的快捷键

将常用软件快捷键的功能填入表 5-5 中。

表 5-5　常用软件快捷键的功能

快捷键	功能
Ctrl+S	
Ctrl+W	
Ctrl+N	
Ctrl+O	
Ctrl+Z	
Ctrl+F	
Ctrl+X	
Ctrl+C	
Ctrl+V	
Ctrl+Shift	
Ctrl+空格	

2. 键盘

熟悉计算机键盘，根据图 5-15 写出键盘上的按键的作用。

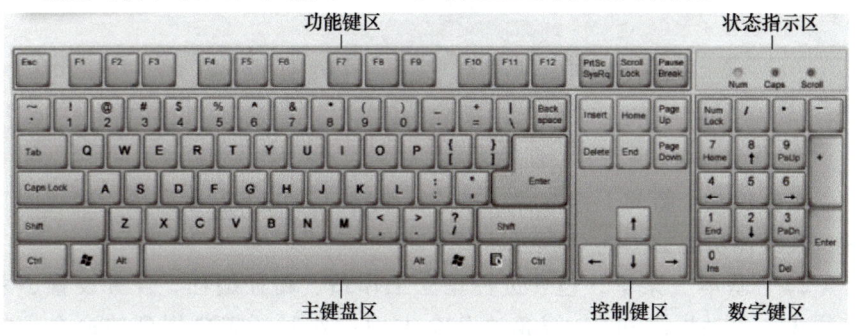

图 5-15　键盘分布图

相关知识

软件 RobotStudio 的界面

浏览器栏分层显示了工作站中的项目，它的图标含义见表 5-6。

表 5-6　浏览器栏图标含义

图标	图标名称	图标含义
	工业机器人	工作站中的工业机器人
	工具	工具
	链接集合	包含对象的所有链接
	中间连接件	关节连接中的实际对象
	框架	包含对象的所有框架
	组件组	部件或其他组装件的分组
	部件	软件中的实际对象
	碰撞集	包含所有碰撞集，每个含有两组对象
	对象组	包含接受碰撞检测对象的参考信息
	碰撞集机械装置	碰撞集中的对象
	框架	工作站内的框架

· 65 ·

Esc：_____

Tab：_____

Caps Lock：_____

Shift：_____

Ctrl：_____

Alt：_____

Enter：_____

Print Screen：_____

Delete：_____

步骤二：RobotStudio 的基础操作

软件 RobotStudio 的鼠标基本操作见表 5-7。

表 5-7　鼠标基本操作表

操作意图	操作组合	具体操作方法
选择项目	单击鼠标左键	单击需要选择的项目
旋转工作站	Ctrl+Shift+单击鼠标左键	同时按下 Ctrl 键和 Shift 键及鼠标左键，拖动鼠标对工作站进行旋转
平移工作站	Ctrl+单击鼠标左键	同时按下 Ctrl 键及鼠标左键，拖动鼠标对工作站进行平移
缩放工作站	Ctrl+单击鼠标右键	同时按下 Ctrl 键及鼠标右键，左右拖动鼠标对工作站进行缩放
使用窗口选择	Shift+单击鼠标左键	同时按下 Shift 键及鼠标左键，拖动鼠标选择区域，选择与当前层级匹配的所有项目
使用窗口缩放	Shift+单击鼠标右键	同时按下 Shift 键及鼠标右键，拖动鼠标选择要放大的区域

软件 RobotStudio 的快捷键操作见表 5-8。

表 5-8　快捷键操作表

操作	快捷键
打开帮助文档	F1
打开虚拟示教器	Ctrl+F5
激活菜单栏	F10
打开工作站	Ctrl+O

软件 RobotStudio 界面包含"文件""基本""建模""仿真""控制器""RAPID"和"Add-Ins"这 7 个菜单。

1)"文件"菜单，包含打开已有工作站、关闭、保存工作站和新建工作站命令等，如图 5-16 所示。

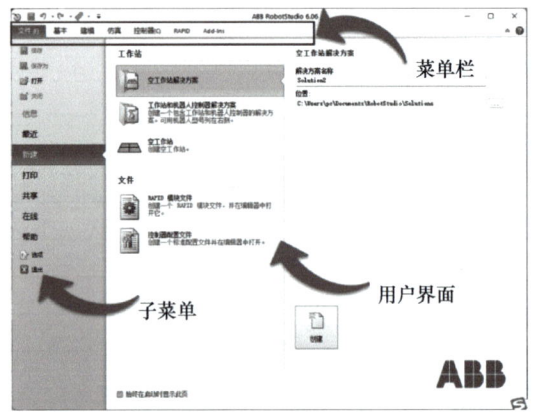

图 5-16　"文件"菜单

建立一个工业机器人虚拟工作站的界面，如图 5-17 所示。

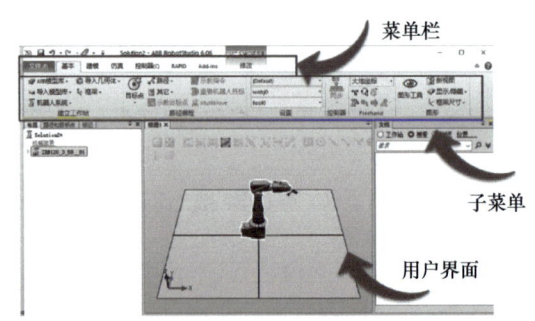

图 5-17　软件工作界面

当创建一个新的工作站后，在"三维窗口"的上方会出现一些视图工具，其具体功能如图 5-18 所示。

2)"基本"菜单，包含进行建立工作站、路径编程、任务设置、系统同步、手动操纵和 3D 视角这几个方面操作时所需要用到的命令，如图 5-19 所示。

(续)

操作	快捷键
屏幕截图	Ctrl+B
示教运动指令	Ctrl+Shift+R
示教目标点	Ctrl+R
添加工作站系统	F4
保存工作站	Ctrl+S
创建工作站	Ctrl+N
导入模型库	Ctrl+J
导入几何体	Ctrl+G

步骤三：RobotStudio 的基本操作

1. 设置选项的调用

在主界面窗口下，选中"文件"菜单下的选项（图 5-21），打开设置界面，如图 5-22 所示。

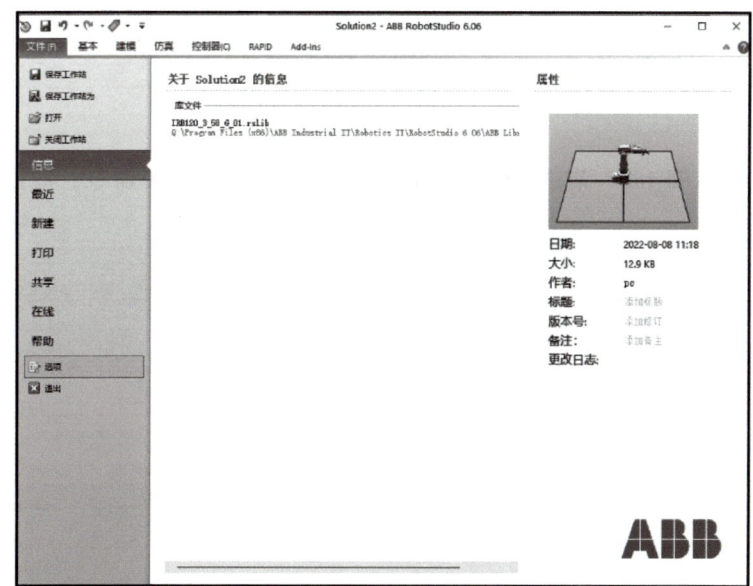

图 5-21　选择设置界面

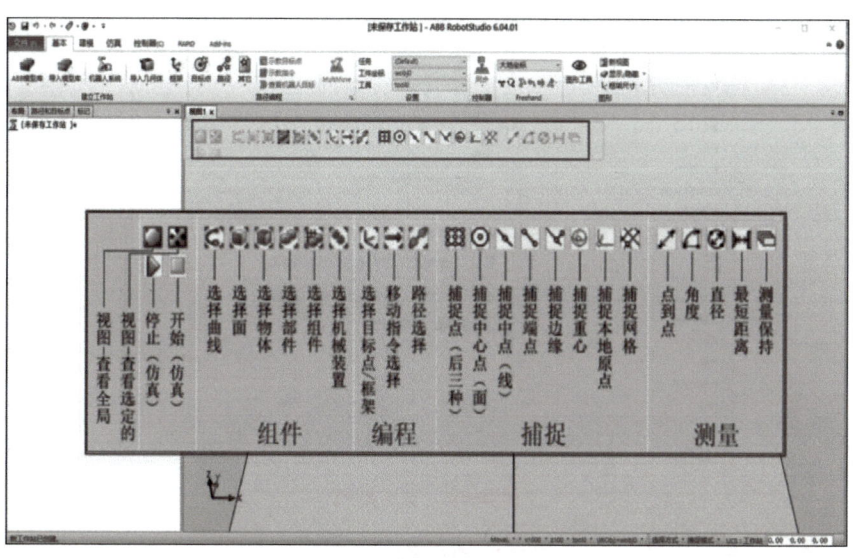

图 5-18　视图工具

图 5-19　"基本"菜单

3）"建模"菜单，包含创建和分组工作站组件、创建实体、测量以及其他 CAD 操作所需的命令，如图 5-20 所示。

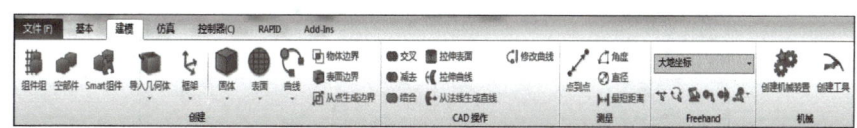

图 5-20　"建模"菜单

4）"仿真"菜单，包含碰撞监控，仿真的设定、控制和录像等命令，如图 5-24 所示。

· 67 ·

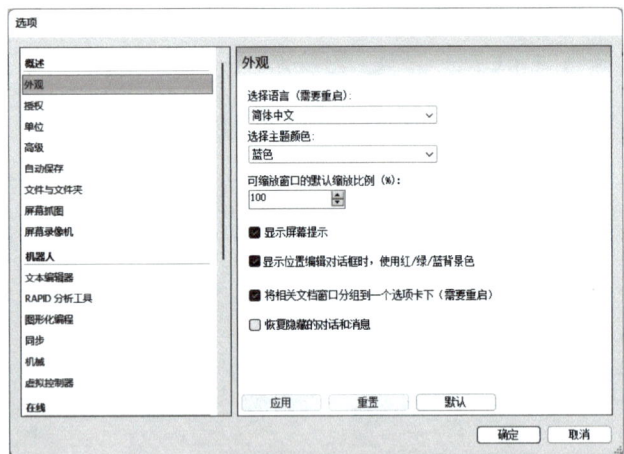

图 5-22 设置界面

2. 新建、打开以及保存文件的操作

在主界面窗口下，选中"文件"菜单下的"保存工作站"命令保存相关工作站信息，如图 5-23 所示。

图 5-24 "仿真"菜单

5）"控制器"菜单，包含用于虚拟控制器的同步、配置和分配给它的任务控制措施，还包含用于管理真实控制器的控制功能，如图 5-25 所示。

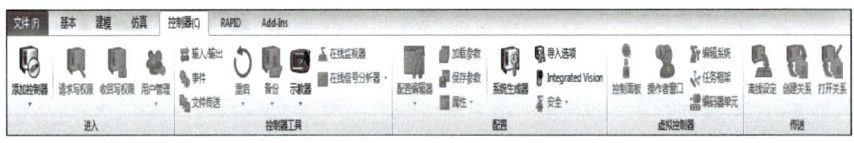

图 5-25 "控制器"菜单

6）"RAPID"菜单，包括 RAPID 编辑器的功能、RAPID 文件的管理以及用于 RAPID 编程的其他空间，如图 5-26 所示。

图 5-26 "RAPID"菜单

7）"Add-Ins"菜单，包含 PowerPacs 和 VSTA 的相关命令，如图 5-27 所示。

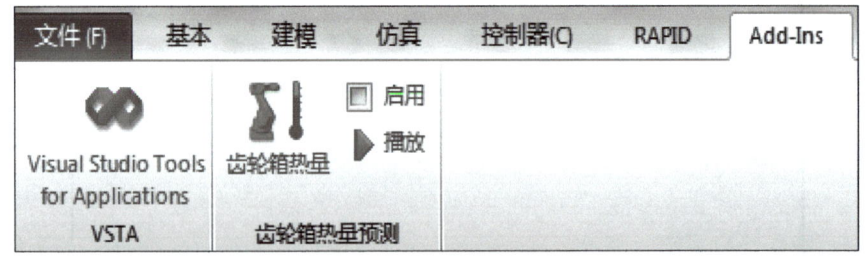

图 5-27 "Add-Ins"菜单

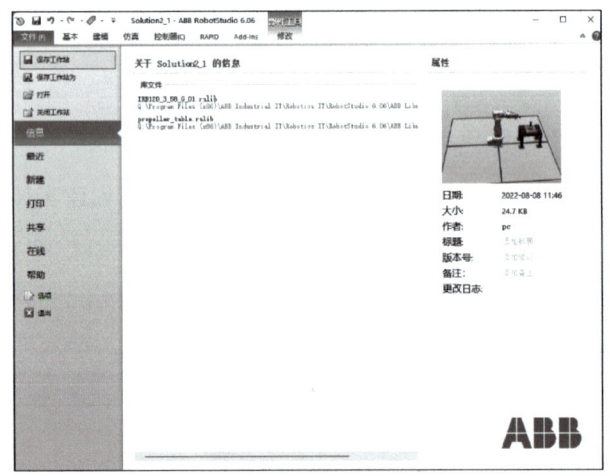

图 5-23 保存界面

工作站保存文件的默认后缀名为". rsstn"。图 5-28 所示的是工业机器人工作站存盘后的文件。

图 5-28 工作站保存文件图标

新建一个简单的工作站文件,然后存到"D:\ABB"文件夹下,文件名为"ROBOT1. RSSTN"。

写出操作步骤:

_____

_____

关闭软件后,再打开软件,打开所保存的工作站文件"ROBOT1. RSSTN"。

写出操作步骤:

_____

_____

任务二测评

1. 知识测评

确定本任务关键词，按重要程度进行关键词排序并举例解读。

根据自己对重要信息的捕捉、排序、表达、创新和划分权重的能力进行自评，满分100分，见表5-9。

表5-9 仿真软件RobotStudio基础操作知识测评表

序号	关键词	举例解读	评分自定
1			
2			
3			
4			
5			
		总分	

2. 能力测评

完成表5-10所列作业内容评分，操作规范可得分，操作错误或未操作得零分。

表5-10 仿真软件RobotStudio基础操作能力测评表

序号	能力点	配分	得分
1	快捷键的使用	20	
2	软件RobotStudio界面的认知	20	
3	软件RobotStudio菜单的认知	20	
4	保存文件	20	
5	打开文件	20	
	总分	100	

3. 素养测评

完成表5-11所列素养点评分，做到可得分，未做到得零分。

表5-11 仿真软件RobotStudio基础操作素养测评表

序号	素养点	配分	得分
1	学习纪律	20	
2	操作过程规范	20	
3	严谨认真、一丝不苟精神	20	
4	互相帮助、团队精神	20	
5	学习环境符合"8S"管理要求	20	
	总分	100	

4. 拓展训练

尝试应用软件RobotStudio导入一个工业机器人虚拟工作站，并对其进行位置移动。

任务三 工业机器人仿真工作站建立

建立工业机器人仿真工作站

创建工业机器人虚拟工作站步骤

1. 创建工作站

在"文件"菜单中,选择"新建",在"工作站"界面上选择"工作站",如图 5-29 所示。然后单击"创建"按钮,进入"创建工作站"界面,如图 5-30 所示。

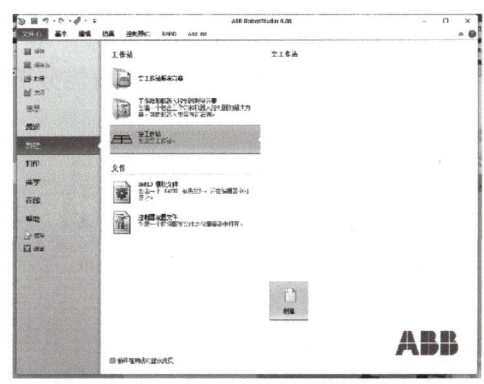

图 5-29 创建"工作站"界面

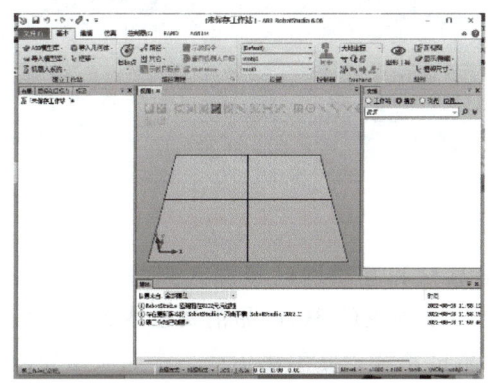

图 5-30 "创建工作站"界面

相关知识

一、工业机器人工作站的概念及组成

1. 工业机器人工作站概念

工业机器人工作站是指以一台或多台工业机器人为主,配以相应的周边设备,如变位机、输送机、工装夹具等,或借助人工的辅助操作一起完成相对独立的一种作业或工序的一组设备组合,也可称为工业机器人工作单元。基本的工业机器人工作站包括工业机器人及工作对象。

2. 工业机器人工作站的组成

工业机器人工作站的组成主要由工业机器人、工业机器人末端执行器、夹具和变位器、配套及安全装置、动力源、工作对象的储运设备、控制系统等部分组成,不同功能的工作站、末端执行器和工作对象的储运设备等会有所不同。

例如 CHL-DS-01 型工业机器人 PCB 异形插件工作站以桌面式关节型六轴串联工业机器人为核心,在操作平台的四周合理分布有 4 种不同工艺应用的工艺工具以及涂胶单元、搬运码垛单元、异形芯片原料单元、异形芯片装配单元、视觉检测单元、PLC 总控系统、安全光栅及操作面板等单元组件。以 3C 典型产品的生产装配过程为主线,包含了涂胶、搬运码垛、视觉分拣、装配、锁螺钉、检测等工艺过程。

3. 工作站特点

(1)技术先进 工业机器人集精密化、柔性化、智能化、软件应用开发等先进制造技术于一体,通过对过程实施检测、控制、优化、调度、管理和决策,实现增加产量、提高质量、降低成本、减少资源消耗和环境污染的目的,是工业自动化水平的最高体现。

(2)技术升级 工业机器人与自动化成套装备具有精细制造、精细加工以及柔性生产等技术特点,是继动力机械、计算机之后出现的全面延伸人类体力和智力的新一代生产工具,是实现生产数字化、自动化、网络化以及智能化的重要手段。

2. 导入工业机器人产品模型

在"基本"菜单的"ABB 模型库"命令中,提供了几乎所有的工业机器人产品模型,作为仿真所用,如图 5-31 所示。

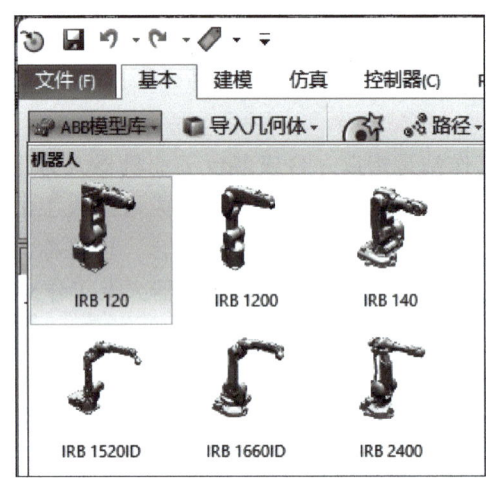

图 5-31 "ABB 模型库"界面

单击选择其中型号为 IRB 120 的工业机器人,确定好版本,如图 5-32 所示。然后单击"确定"按钮,完成工业机器人型号选择,如图 5-33 所示。

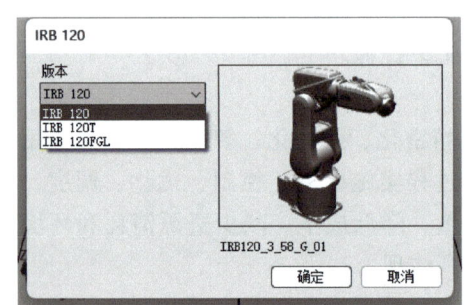

图 5-32 选择工业机器人版本界面

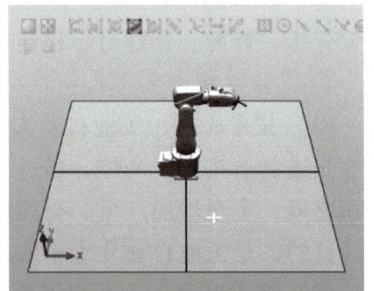

图 5-33 完成工业机器人型号选择

注意:在实际应用中,要根据项目的要求选定具体的工业机器人型号及相关版本,或者承重能力及到达距离等参数。

(3)应用领域广泛 工业机器人与自动化成套装备是生产过程的关键设备,可用于制造、安装、检测、物流等生产环节,并广泛应用于汽车整车及汽车零部件、工程机械、轨道交通、低压电器、电力、IC 装备、军工、烟草、金融、医药、冶金及印刷出版等行业,应用领域非常广泛。

(4)技术综合性强 工业机器人与自动化成套技术集中并融合了多项学科,涉及多项技术领域,包括工业机器人控制技术、工业机器人动力学及仿真、工业机器人构建有限元分析、激光加工技术、模块化程序设计、智能测量、建模加工一体化、工厂自动化以及精细物流等先进制造技术,技术综合性强。

二、CHL-DS-01 型工业机器人 PCB 异形插件工作站

以 CHL-DS-01 型工业机器人 PCB 异形插件工作站(图 5-34)为例,对该工作站系统集成的单元组成以及各自相关的功能分析如下:

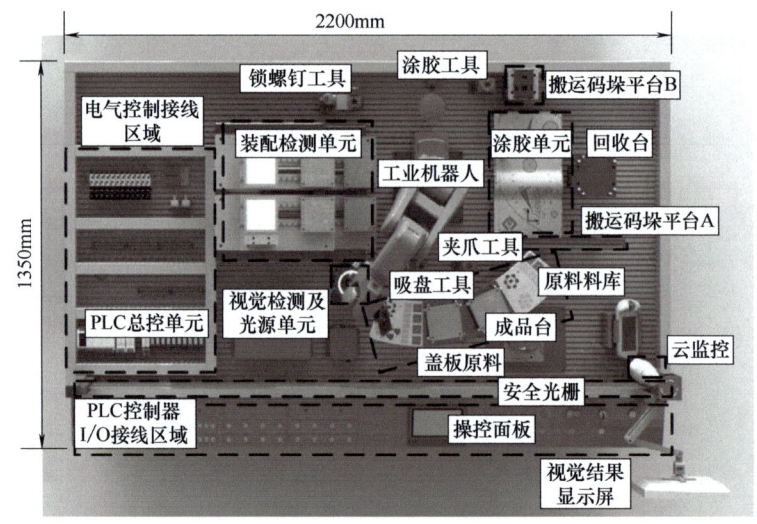

图 5-34 CHL-DS-01 型工业机器人 PCB 异形插件工作站

当前社会,信息化和互联网已经深入到每一个人的生活中,以计算机、通信、消费性电子为主的 3C 产品消费也成为人们的最大消费项目之一。由于 3C 产品品目繁杂、订单化生产、产品质量要求高,使得生产企业在实际制造过程中需要依赖大量的操作工人,在规定的较短时间内完成动作单一重复性工作,劳动强度极大。随着大量采用高响应驱动技术和轻

3. 导入工业机器人工具并安装到法兰盘

先在"基本"菜单中打开"导入模型库",选择"设备"命令,选择"MyTool",如图 5-35 所示。

将工具安装到工业机器人法兰盘的操作如图 5-36 所示,在"MyTool"上按住左键,单击"安装到",选择需要安装工具的工业机器人。

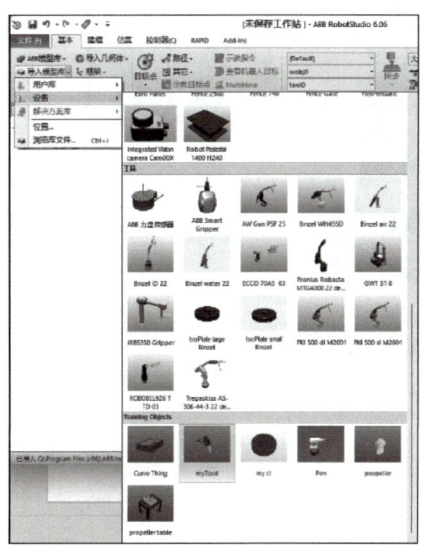

图 5-35 选择工业机器人工具界面　　图 5-36 安装工具界面

弹出图 5-37 所示对话框,单击"是"按钮,之后工具就能安装到工业机器人法兰盘,如图 5-38 所示。

图 5-37 确认界面

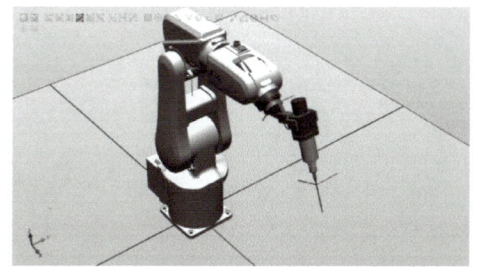

图 5-38 安装完成界面

量化结构设计技术,桌面式低负载工业机器人已成功应用于 3C 电子产品的生产制作过程中,代替人工完成动作单一、劳动强度大的分拣、安装、检测等工序,提高产品生产效率并保证高良品率。

工业机器人 PCB 异形插件工作站,以桌面式关节型六轴串联工业机器人为核心,在操作平台的四周合理分布有 4 种不同工艺应用的工业机器人工具以及涂胶单元、搬运码垛单元、异形芯片原料单元、异形芯片装配单元、视觉检测及光源单元、螺钉供料单元、总控系统及操作面板等组件。

工业机器人 PCB 异形插件工作站融合了工业机器人维护及操作、系统安装及调试、现场示教编程及调试、离线编程及应用等技能要求,以 3C 行业最典型的异形芯片插件工艺过程为任务主线,产品分为异形芯片零件、PCB 和盖板等,采用模拟化设计提高装配产品的复用率。

工业机器人工装夹具种类直接决定了工业机器人的应用功能,4 种不同功能的工装夹具覆盖了 PCB 异形芯片插片生产的完整过程,多个工具都采用复合设计,以实现不同的工艺功能。所有工装夹具均采用工业级工具快换系统,实现了无须人为干预,工业机器人可在不同工装夹具间自由切换,同时确保气路、电路信号通信正常,大大扩展了工业机器人的应用能力。涂胶工具采用仿形设计,内部安装可轴向移动的颜色笔可以在涂胶模块上按轨迹要求涂绘;夹爪工具利用气缸驱动,采用平行二指形式,可以稳定夹取码垛物料;吸盘工具采用双功能设计,即可稳定吸取异形芯片,又可吸取盖板;锁螺钉工具可以将供螺钉组件提供的螺钉按照指定锁紧力矩将盖板和 PCB 锁固。

涂胶单元是将工业机器人对产品装配前的涂胶工艺进行功能抽象化,工业机器人抓持涂胶工具,沿着具有弧形曲面的面板上合理布置的不同产品的外轮廓轨迹模拟工艺过程。

搬运码垛单元是将工业机器人对产品搬运码垛工艺进行功能抽象化,工业机器人抓持夹爪工具将已完成生产的方形产品由图 5-38 中搬运码垛平台 A 按照要求搬运码垛到指定位置。

视觉检测及光源单元可以对工业机器人所选取芯片的颜色、形状、位置等信息进行检测和提取,并将检测结果传输给工业机器人,以辅助其完成后续动作。

4. 加载工业机器人周边模型并布局工作站

类似于加载工业机器人工具的方法，加载小桌模型的操作如图 5-39 所示，在"基本"菜单中打开"导入模型库"，选择"设备"，选择"propeller table"。

小桌模型导入之后，需要将它摆放到合适的位置，以利于工业机器人能够到达。对于小桌模型位置的确定，先要使工业机器人显示其工作区域，方法如下：

右击"IRB120_3_58_01"，选择"显示机器人工作区域"，待工业机器人工作区域显示出来之后，移动小桌，使其保持在工业机器人的工作区域，如图 5-40 和图 5-41 所示。

异形芯片原料单元用于存放不同类型的异形芯片，通过形状不同代表不同种类、颜色不同代表不同型号，异形芯片装配单元提供多个装配工位，如图 5-43 所示，分别用于不同产品的装配和检测。

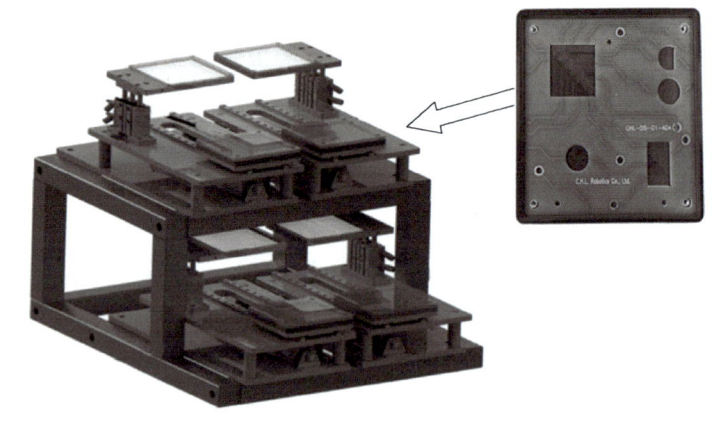

图 5-43　4 个装配检测工位

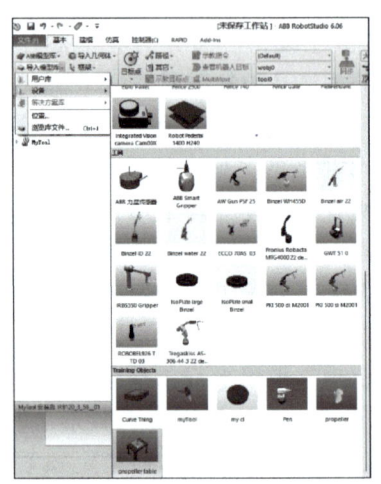

图 5-39　加载小桌模型界面

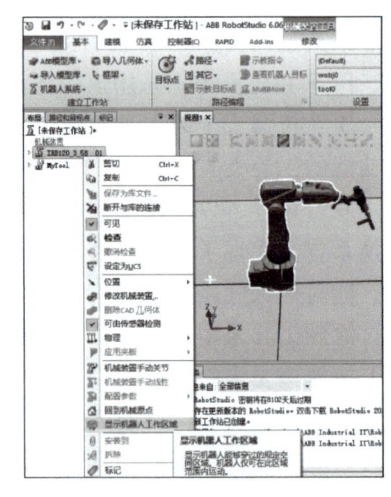

图 5-40　调用显示工业机器人工作区域菜单

选中"table_and_fixture_140"，在"基本"菜单下"Freehand"工具栏中，单击"移动"按钮，拖动箭头到达合适位置，如图 5-42 所示。

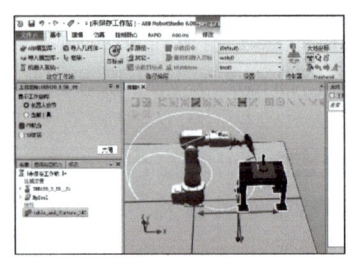

图 5-41　显示工业机器人工作区域

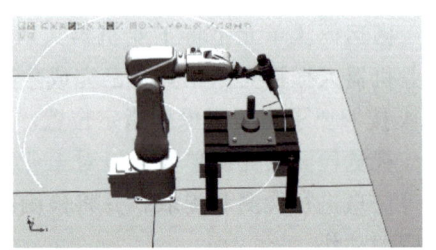

图 5-42　最终布局图

5. 创建工业机器人系统

在完成了工作站布局以后，要为工业机器人创建系统，使它具有电气的特性来完成相关的仿真操作。具体操作如下：

首先在"基本"菜单下，单击"机器人系统"的"从布局..."，弹出"从布局创建系统"界面，单击"下一个"按钮，选择"机械装置"后，单击"下一个"按钮，如图 5-44 所示。

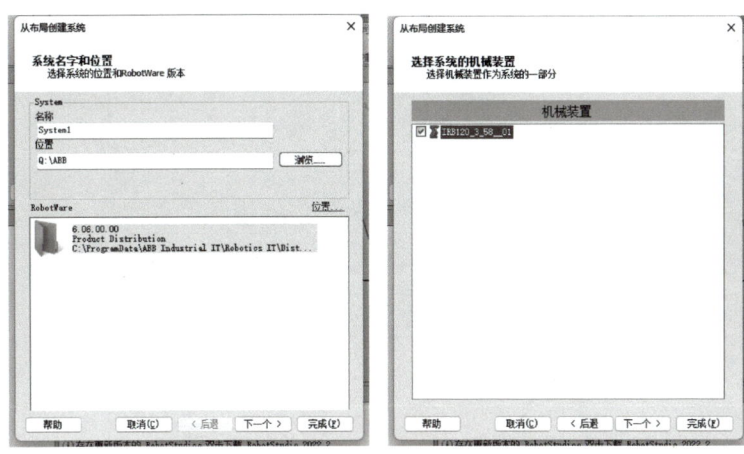

图 5-44　创建系统界面

单击"选项"，为系统添加中文选项，选择"Default Language"，取消"English"选项，勾选"Chinese"选项后，单击"确定"按钮，再单击"完成"按钮，如图 5-45 所示。

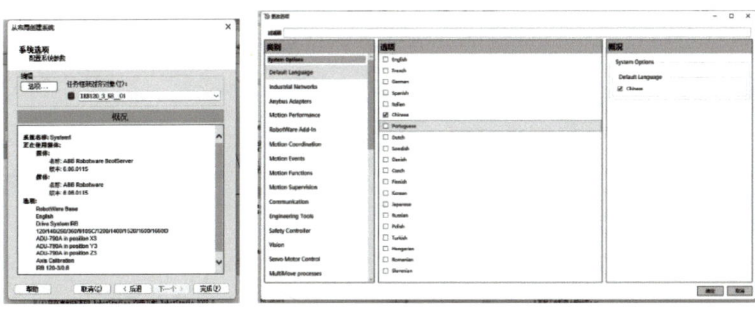

图 5-45　系统选项界面

系统建立完成后，可以看到右下角"控制器状态"为绿色，如图 5-46 所示。

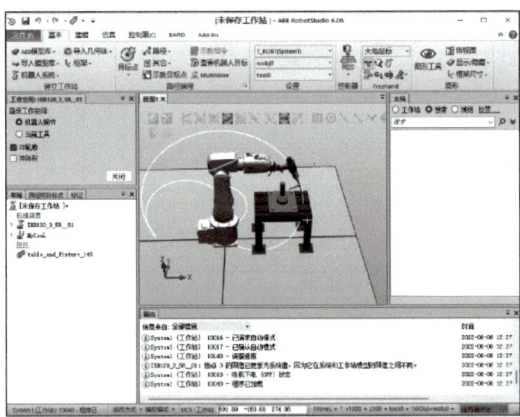

图 5-46　工作站创建完成界面

任务三 测评

1. 知识测评

确定本任务关键词，按重要程度进行关键词排序并举例解读。

根据自己对重要信息的捕捉、排序、表达、创新和划分权重的能力进行自评，满分 100 分，见表 5-12。

表 5-12 建立工业机器人仿真工作站知识测评表

序号	关键词	举例解读	评分自定
1			
2			
3			
4			
5			
		总分	

2. 能力测评

完成表 5-13 所列作业内容，操作规范可得分，操作错误或未操作得零分。

表 5-13 建立工业机器人仿真工作站能力测评表

序号	能力点	配分	得分
1	导入工业机器人	20	
2	安装工装夹具	20	
3	加载周边模型，并布局工作站	30	
4	创建工业机器人系统	30	
	总分	100	

3. 素养测评

完成表 5-14 所列素养点，做到可得分，未做到得零分。

表 5-14 建立工业机器人仿真工作站素养测评表

序号	素养点	配分	得分
1	设备及工具检查	25	
2	仿真软件规范操作	25	
3	工业机器人清洁校准	25	
4	工位摆放符合"8S"管理要求	25	
	总分	100	

4. 拓展训练

通过查询 CHL-DS-01 型工业机器人 PCB 异形插件工作站的资料，简述该工作站系统集成的单元组成以及各自相关的功能。

拓展阅读——工业机器人仿真软件的发展

1946年,美国对工业机器人开始进行理论上的研究。直到1959年,才诞生了能在工业生产中使用的机器人。经过几十年的发展,工业机器人领域发生了翻天覆地的变化,从早期的只会做一些简单、重复动作的工业机器人发展到具有思考、学习能力的高智能化工业机器人。随着人类在工业机器人研究领域的逐步深入,其编程方式也发生了革命性的变化。除了传统的在线示教编程方式,近年来,离线编程在工业实际生产中的重要性日益凸显。离线编程是指在不使用工业机器人本体的情况下,利用计算机图形学的基本原理和系统仿真技术,在计算机上重建整个工作场景的三维模型,然后根据加工零件的工艺要求,设置工业机器人的运动指令和轨迹,从而仿真模拟工业机器人加工的流程。

工业机器人系统仿真则是指通过计算机对实际的工业机器人系统进行模拟的技术。工业机器人系统仿真可以建立单机或多台工业机器人组成的工作站或生产线。通过仿真应用技术,操作人员可以在制造或建设生产线之前模拟实物和生产过程,缩短生产工期,以避免不必要的返工。

早期的工业机器人仿真系统是在1987年美国RockWell公司与NASA合作开发了一套离线编程系统,该系统主要用于航天飞机部件的焊接作业。部件的焊接工艺保存在本地数据库中,但是该系统不能和CAD等三维绘图软件实现无缝对接。目前,国内外有许多工业机器人仿真软件,应用比较广泛的仿真软件有:

(1) 西门子公司研发的ROBCAD离线编程系统 该系统具有强大的在线仿真功能,支持离线点焊、多台工业机器人协同仿真以及运动仿真,并且能够与SolidWorks、AutoCAD等常用的三维绘图软件实现无缝对接。

(2) 英国诺丁汉大学开发的GRASP系统 该系统能够对不同的方案和工业机器人系统进行装配单元仿真以及运动学和动力学仿真,并且可以使多台工业机器人同时进行路径规划。

(3) 美国机械动力公司开发的ARMS软件包 该系统包含图形接口、Pro/E接口、动力传动系统、铁路车辆等20多种模块,是一款功能强大的虚拟样机仿真系统,并且可以实现实时在线仿真,运用范围非常广泛。

(4) 加拿大软件公司Jabez科技开发研制的Robot Master离线编程系统 该系统是目前比较流行的仿真系统,该系统经过多年的研发,功能不断丰富和完善,具有刀具轮廓圆弧分割、3P3R机器人通用解决方案的支持、带倾斜补偿的数控文件导入等功能。

(5) 俄罗斯SPRUT公司开发研制的SprutCAM离线编程系统 该系统应用行业广泛,包含航空航天、医疗器械、通信领域、铭文雕刻、模具加工等,其服务于全球7000多家用户,在工业机器人离线编程领域处于全球领先地位。

工业机器人品牌影响日益壮大,各工业机器人品牌也相继推出了配套的离线编程仿真软件,如ABB公司的RobotStudio、FANUC公司的RoboGuide,还有KUKA公司的Sim Pro和OfficeLite等。目前,我国国内的离线编程仿真软件数量也较多,如南京中科川思特软件科技有限公司的HedraSMF和北京华航唯实机器人科技股份有限公司的RobotArt等。

项目六　工业机器人图形绘制

一、项目描述

熟练使用仿真软件中的工业机器人系统绘制简单的图形，学会简单的编程以及调试。

二、项目要求

1）初步掌握工业机器人编程语言。
2）熟练掌握工业机器人 3 种坐标系的设置。
3）熟练掌握 MOVEL、MOVEJ 和 MOVEC 的用法。

三、项目目标

1）熟练操作工业机器人自动进行直线、弧线和圆弧运动，绘制简单图形。
2）熟练掌握工业机器人编程方法。
3）培养学生自觉遵守工业机器人国家职业标准和要求的规定，规范操作过程，保持实训环境符合"8S"管理要求，帮助学生养成精益求精的职业习惯。
4）体会严谨的工匠精神。

四、项目学习载体

本项目在仿真软件 RobotStudio 上以离线编程方式进行，具体工业机器人工作站示教点的分布如图 6-1 所示。

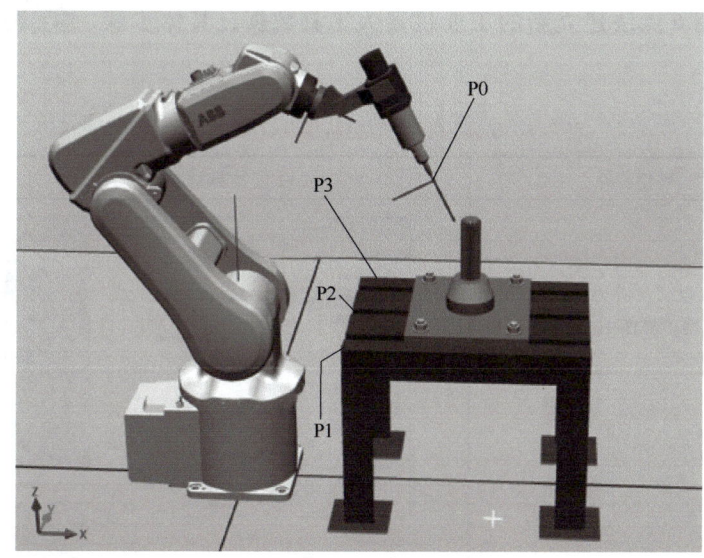

图 6-1　仿真软件中工业机器人工作站示教点的分布

任务一　工业机器人坐标系设定

工业机器人坐标系

步骤一：6点法建立新工具坐标系

1. 6点法建立新工具数据"tool1"

运用6点法建立新的工业机器人工具数据，具体步骤见表6-1。

工具数据 tooldata 设定

表6-1　6点法建立工业机器人工具数据步骤

操作步骤	示教器界面
1）在主菜单界面中单击"手动操纵"	
2）单击"工具坐标"	
3）单击"新建…"	

相 关 知 识

一、工业机器人坐标系

在进行正式的编程之前，需要构建必要的编程环境，工业机器人的工具数据和工件坐标系就需要在编程前进行定义。

工具数据（Tool Data）用于描述安装在工业机器人第六轴上的TCP、质量、重心等参数数据。一般不同的工业机器人应用配置不同的工具，在执行工业机器人程序时，工业机器人将工具的TCP移至编程位置。如果要更改工具以及工具坐标系，工业机器人的移动也会随之改变，以便新的TCP到达目标。

工业机器人系统的坐标系包含World坐标系（大地坐标系）、Base坐标系（基坐标系）、Tool坐标系（工具坐标系）以及Wobj坐标系（工件坐标系等）。

在图6-2中标出自己认为的大地坐标系、基坐标系、工具坐标系和工件坐标系，并说明它们各自的关系。

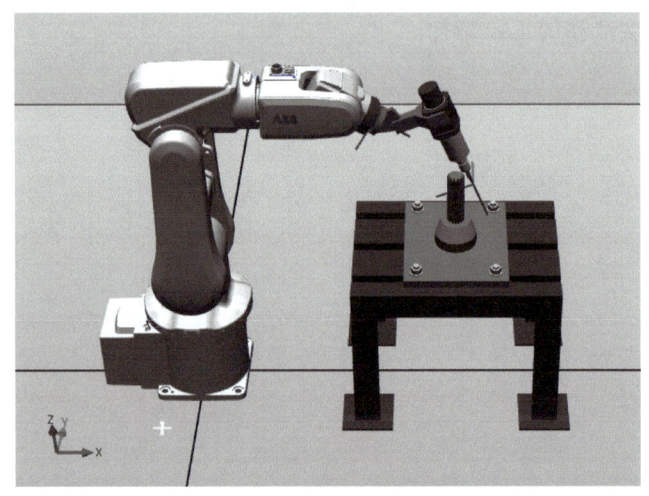

图6-2　各坐标系标注图

(续)

操作步骤	示教器界面
4) 新建一个新的工具坐标系,名称为"tool1",然后单击"确定"按钮	
5) 右击选中"tool1",单击"定义…"命令中的"编辑"子菜单	
6) 在"方法"下拉列表框中选择"TCP 和 Z,X",点数设定为"4"	

二、大地坐标系（世界坐标系）、基坐标系

大地坐标系用于表示整个工作站或工业机器人单元，所有其他坐标系均与它相关。当工业机器人本体需要移动或者空间内存在多个工业机器人协作需要统一它们的位置参照时，就需要确定一个参照系来确定工业机器人的基坐标系在空间内的坐标，人们把这个参照系称作"大地坐标系"，大地坐标系也称为"世界坐标系"或"全局坐标系"等。它适用于微动控制、一般移动，以及处理具有若干工业机器人或外轴移动工业机器人的工作站和工作单元。若机械臂安装在地面上，则通过基坐标系编程较容易。但如果机械臂倒置安装（倒挂安装），那么因为工业机器人各轴的方向与工作空间内的主要方向不同，导致通过基坐标系编程变得困难，此时定义一个大地坐标系就非常有用。在默认情况下，大地坐标系与基坐标系是一致的。因为在本任务中工业机器人均安装在实训台上，可将大地坐标系和基坐标系看作一个坐标系。

基坐标系：不论是在虚拟仿真中还是在现实中，工作站中的每个工业机器人都拥有一个始终位于其底部的基础坐标系，称之为基座（BF）。ABB 工业机器人的基坐标原点在机器人基座上，Z 轴垂直于基座，具体方向如图 6-3 所示。

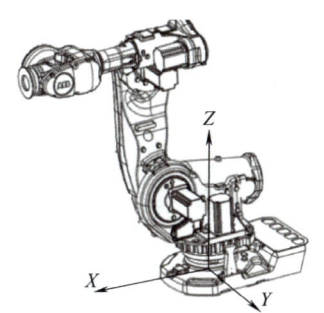

图 6-3 工业机器人的基坐标系

三、工具坐标系

工具中心点坐标系（Tool Coordinate System）是以安装在机械接口上的末端执行器或工具为参照系的坐标系，其原点是工具的中心点，也称为 TCP，如图 6-4a 所示。所有的工业机器人在其工具安装点处都有 tool0 预定义 TCP，当程序运行时，工业机器人将该 TCP 移动至编程的位置。一般情况下，不同的工业机器人应用会配置不同的工具，例如用于弧焊的工业机

（续）

操作步骤	示教器界面
7）选择合适的手动操纵模式，按下使能键（Enable），操作手柄让工具靠近固定点，作为第一个点；单击"修改位置"完成第一点的修改	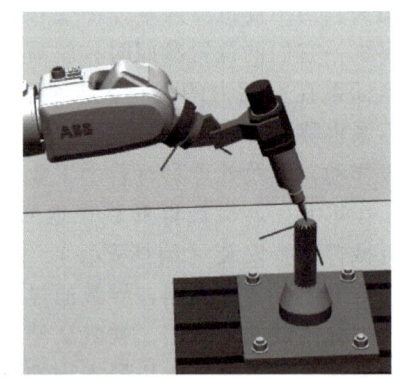 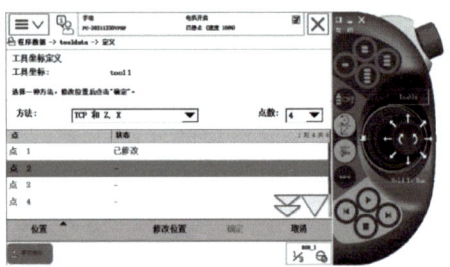
8）选择合适的手动操纵模式，按下使能键（Enable），操纵手柄让工具从另外一个方向靠近固定点，作为第二个点；单击"修改位置"完成第二点的修改	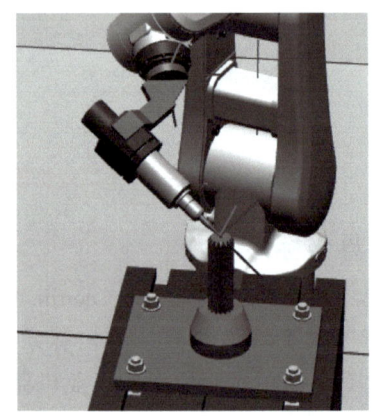

器人就使用弧焊焊枪作为工具，而用于搬运的工业机器人使用吸盘式的夹具作为工具。当用户给工业机器人装上新的工具时，用户就能将一个或多个新工具坐标系定义为 tool0 的偏移值，如 tool1、tool2 或 tool5 等，如图 6-4b 所示。在实际工作中，TCP 的位置通常设置在工具的工作位置。

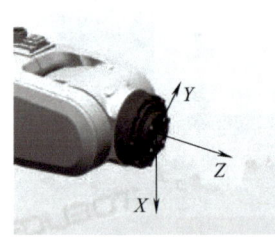 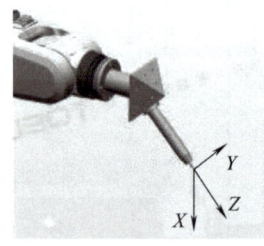 

a）默认工具坐标系　　b）自定义工具坐标系

图 6-4　工业机器人的工具坐标系

工具坐标 tooldata

四、工具坐标系设定方法

在工具重新安装、更换以及工具使用后出现运动误差等情况下需要进行重新设定，TCP 工具坐标的设定原理介绍如下。

首先在工业机器人工作范围内找一个非常精确的固定点作为参考点。然后在工具上确定一个参考点，一般是工具的 TCP。通过之前学习到的手动操纵工业机器人的方法去移动工具上的参考点，以最少 4 种不同的工业机器人姿态尽可能与固定点刚好碰上。为了获得更准确的 TCP，可在以下的例子中使用 6 点法进行操作，第 4 点是用工具的参考点垂直于固定点，第 5 点是工具参考点从固定点向将要设定为 TCP 的 X 方向移动，第 6 点是工具参考点从固定点向将要设定为 TCP 的 Z 方向移动。工业机器人就可以通过这 4 个位置点的位置数据计算求得 TCP 的数据，然后 TCP 的数据就保存在 Tool Data 程序数据中被程序调用。

其中 TCP 取点数量的区别如下：

4 点法，不改变 tool0 的坐标方向；

5 点法，改变 tool0 的 Z 方向；

6 点法，改变 tool0 的 X 和 Z 方向。

在取点校准时，前 3 个点的姿态相差尽量大些，这样有利于 TCP 精度的提高。

(续)

操作步骤	示教器界面
9）选择合适的手动操纵模式，按下使能键（Enable），操纵手柄让工具从第三个方向靠近固定点，作为第三个点；单击"修改位置"完成第三点的修改	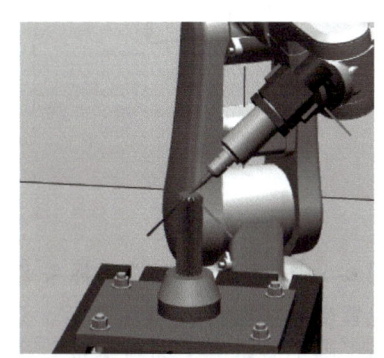
10）选择合适的手动操纵模式，按下使能键（Enable），操纵手柄让工具从第四个方向靠近固定点，作为第四个点；单击"修改位置"完成第四点的修改	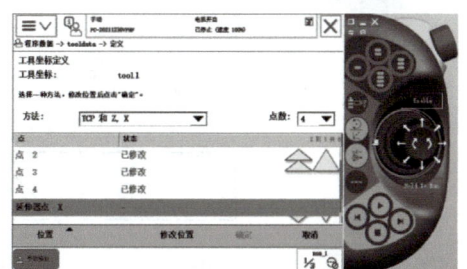

按照工具重定位动作模式，把坐标系选为"工具"，工具坐标选为"tool1"，如图 6-5 所示，可看见在工业机器人进行重定位运动过程中，TCP 始终与工具参考点保持接触，而工业机器人根据重定位操作改变姿态。

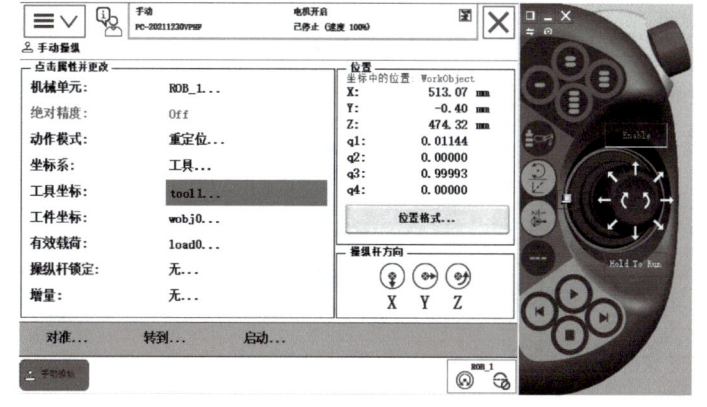

图 6-5　工具坐标系选择界面

工具坐标 tooldata 的设定

五、工件坐标系、用户坐标系

工件坐标系通常表示实际工件的坐标系，它定义的工件坐标位置是相对于大地坐标的位置。同一个工业机器人可以有若干工件坐标系，用于表示不同工件或者表示同工件在不同位置的若干副本。用户在对工业机器人进行编程时就是在工件坐标中创建目标和路径，这有很多优点：重新定位工作站中的工件时，只需更改工件坐标的位置，所有路径将随之更新。

图 6-6 中，A 是工业机器人的大地坐标系，为了方便编程，给第一个工件建立了一个工件坐标系 B，并在这个工件坐标系 B 中进行轨迹编程。如果工作台上还有一个相同的工件需要走相同的轨迹，那只需建立一个工件坐标系 C，将工件坐标系 B 中的轨迹复制一份，再将工件坐标系从 B 更新为 C，就无须对相同的工件进行重复轨迹编程了。

(续)

操作步骤	示教器界面
11) 工具参考点以第四点的姿态从固定点移动到 TCP 的"+X"方向;单击"修改位置"完成 X 轴方向的修改	
12) 工具参考点以第四点的姿态从固定点移动到 TCP 的"+Z"方向;单击"修改位置"完成 Z 轴方向的修改	
13) 单击"确定"按钮。查看误差,数值越小越好,但也要以实际验证效果为准	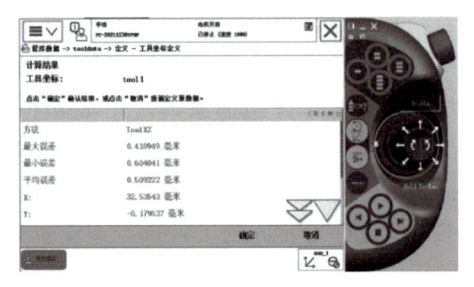

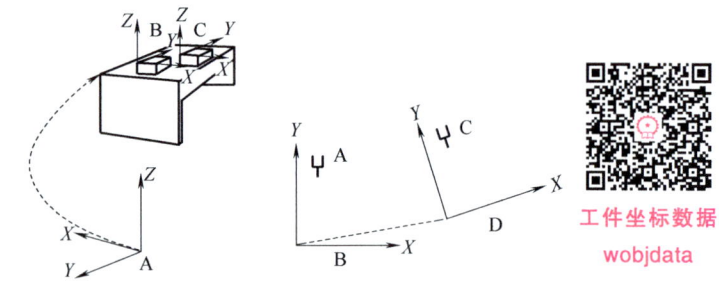

图 6-6 工件坐标系

工件坐标数据
wobjdata

在图 6-6 中,如果在工件坐标系 B 中对 A 对象进行了轨迹编程,当工件坐标位置变化成工件坐标系 D 后,只需在工业机器人系统重新定义工件坐标系 D,则工业机器人的轨迹就自动更新到工件坐标系 C,不需要再次轨迹编程。因 A 相对于 B,C 相对于 D 的关系是一样的,并没有因为整体偏移而发生变化。

用户坐标系:根据用户对每个作业空间自行定义的坐标系,以简化编程。如果没有定义用户坐标系,则由大地坐标系来替代该坐标系。

六、工件坐标系的设定方法

工件坐标系设定时,通常采用三点法。用户在对象表面位置或工件边缘角位置上定义 3 个点位置就能够创建一个工件坐标系。其设定步骤:手动操纵工业机器人,在工件表面或边缘角的位置找到一点 $X1$;手动操纵工业机器人,沿着工件表面或边缘找到一点 $X2$,$X1$ 和 $X2$ 确定工件坐标系的 X 轴的正方向,$X1$ 和 $X2$ 距离越远,定义的坐标系轴越精准;手动操纵工业机器人,在 XY 平面上在 Y 值为正的方向找到一点 $Y1$,确定坐标系的 Y 轴的正方向,通过 $Y1$ 向直线 $X1-X2$ 作垂线,垂足为原点,如图 6-7 所示。

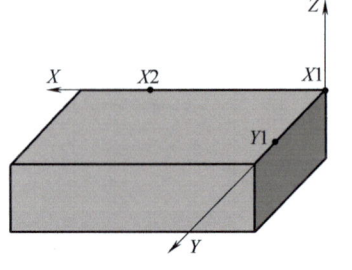

图 6-7 工件坐标系示意图

工件坐标
.wobjdata 设定

2. 工具的实际重量（MASS）的修改

建立完成新的工业机器人工具数据后，需要设置工具的实际质量（MASS），具体步骤见表 6-2。

表 6-2 工具的实际重量（MASS）的设置步骤

操作步骤	示教器界面
1）右击"tool1"，选择"更改值"子菜单	
2）显示更改值菜单，单击箭头向下翻页，找到"mass"选项，双击"修改值"	
3）将 mass 的值改为工具的实际质量（单位：kg），单击"确定"按钮，完成修改	

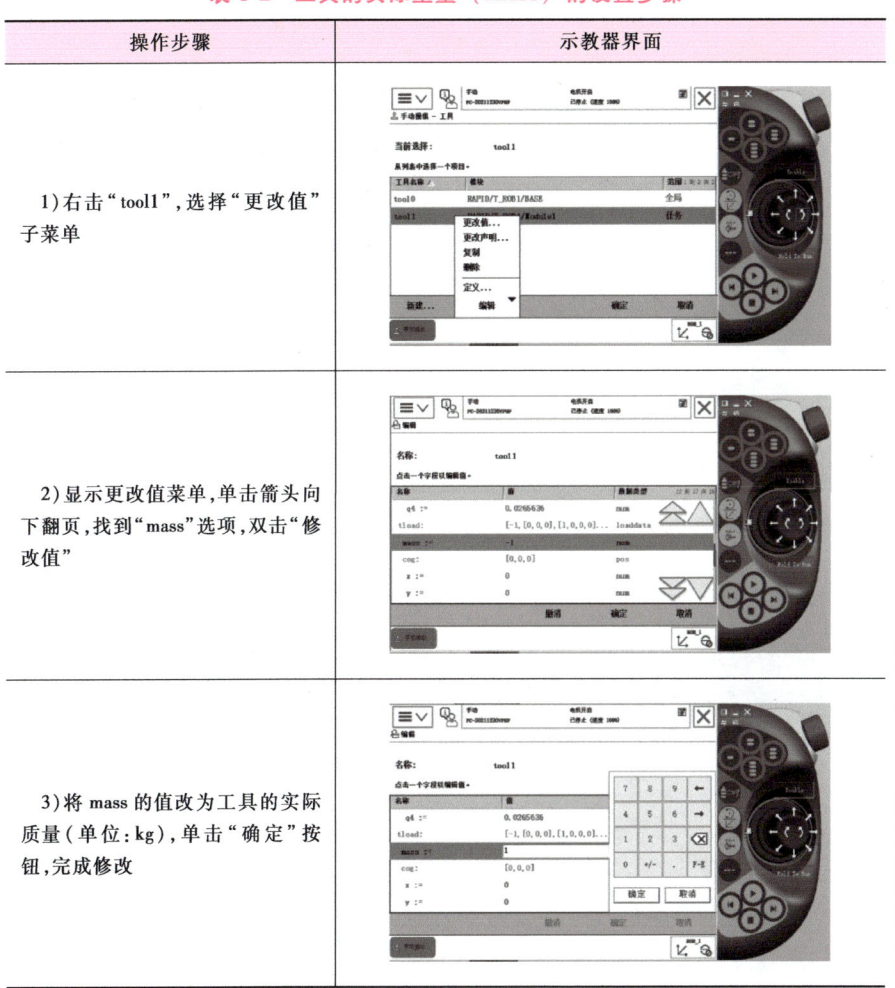

步骤二：工件坐标系的设定

用 3 点法设定工件坐标系"Wobjdata"的方法与工具坐标系的设定方法类似，对比工具坐标系的设定方法完成表 6-3 中的填写。

在对象的平面上，只需要定义 3 个点，就可以建立一个工件坐标。其中 $X1$ 点确定工件的原点，$X1$、$X2$ 确定工件坐标 X 正方向，$Y1$ 确定工件坐标 Y 正方向。设置完成后，工件坐标系数据显示界面如图 6-8 所示。

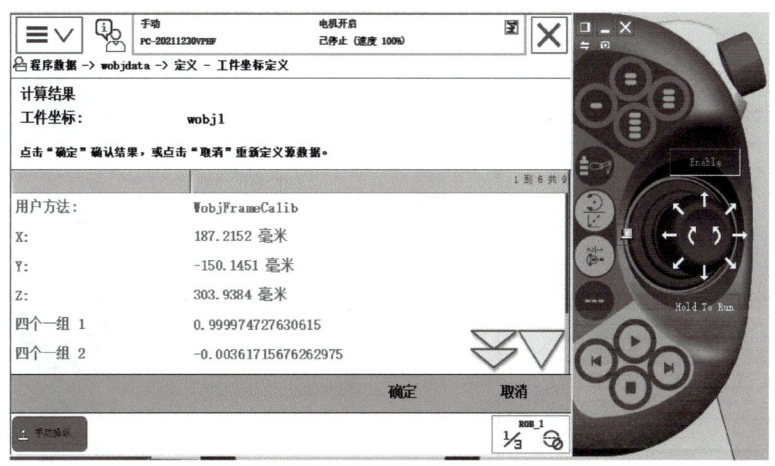

图 6-8 工件坐标系数据显示界面

表 6-3　3 点法设定工件坐标系的步骤

操作步骤	示教器界面
1) _____ _____ _____	
2) _____ _____ _____	
3) _____ _____ _____	
4) _____ _____ _____	

（续）

操作步骤	示教器界面
5) _____	
6) _____	
7) _____	

（续）

操作步骤	示教器界面
8) _____ _____ _____	

任务一测评

1. 知识测评

确定本任务关键词,按重要程度进行关键词排序并举例解读。

根据自己对重要信息的捕捉、排序、表达、创新和划分权重的能力进行自评,满分 100 分,见表 6-4。

表 6-4　工业机器人坐标系设定知识测评表

序号	关键词	举例解读	评分自定
1			
2			
3			
4			
5			
	总分		

2. 能力测评

完成表 6-5 所列作业内容评分,操作规范可得分,操作错误或未操作得零分。

表 6-5　工业机器人坐标系设定能力测评表

序号	能力点	配分	得分
1	工业机器人的 4 种坐标系的理解	20	
2	工业机器人的工具坐标系的设定	40	
3	工业机器人的工件坐标系的设定	40	
	总分	100	

3. 素养测评

完成表 6-6 所列素养点评分,做到即得分,未做到即零分。

表 6-6　工业机器人坐标系设定素养测评表

序号	素养点	配分	得分
1	学习纪律	20	
2	操作过程规范	20	
3	严谨认真、一丝不苟精神	20	
4	互相帮助、团队精神	20	
5	学习环境符合"8S"管理要求	20	
	总分	100	

4. 拓展训练

用 5 点法定义工业机器人工具坐标系,简要写出操作步骤。

任务二 工业机器人绘制直线图形

工业机器人绘制直线图形

步骤一：布置任务

利用已搭建好的仿真工作站和工业机器人系统，编写工业机器人程序，完成工业机器人从 P0 点到 P1 点，再经过 P2 点到达 P3 点，最后回到 P0 点这样的运动过程。其中 P0 点作为工业机器人运动路径的起点，它要求工业机器人六轴的角度分别为 0°、-40°、15°、0°、50°、0°，而且 P1、P2、P3 这 3 点在同一条直线上，该直线就是图 6-11 中桌子的一条边，P1 和 P3 是桌子的两个顶点。

步骤二：创建例行程序

具体创建例行程序的步骤见表 6-7。

表 6-7 具体创建例行程序的步骤

操作步骤	示教器界面
1）单击"菜单"，选择"程序编辑器"	（示教器界面截图）
2）单击"模块"，进入模块列表界面	（示教器界面截图）

相 关 知 识

一、RAPID 指令简介

工业机器人是按照规定的指令运行的，ABB 工业机器人通过编写 RAPID 程序来实现对工业机器人的控制。它是一种英文编程语言，包含了一连串控制工业机器人的指令，执行这些指令可以实现对工业机器人的控制操作。RAPID 程序的基本架构如图 6-9 所示。

RAPID 程序

RAPID 程序			
程序模块 1 MODULE1	程序模块 2 MODULE2	程序模块 3 MODULE3	程序模块 4 MODULE4
程序数据	程序数据	程序数据	程序数据
主程序 Main()	例行程序 PROC	……	例行程序 PROC
例行程序 PROC	中断程序 TRAP	……	中断程序 TRAP
中断程序 TRAP	功能 FUNC	……	功能 FUNC
功能 FUNC			

图 6-9 工业机器人 RAPID 程序基本架构

RAPID 程序是由程序模块和系统模块组成的。一般地，只通过新建程序模块来建立工业机器人的程序，而系统模块多用于系统方面的控制。

工业机器人操作可以根据不同的用途创建多个程序模块，如专门用于主控制的程序模块、用于位置计算的程序模块、用于存放数据的程序模块，这样便于归类管理不同用途的例行程序与数据。

每一个程序模块包含了程序数据、例行程序、中断程序和功能 4 种对象，但不一定在一个模块中都有这 4 种对象，程序模块之间的数据、例行程序、中断程序和功能是可以相互调用的。

在 RAPID 程序中，只有一个主程序"main"，并且存在于任意一个程序模块中，是整个 RAPID 程序执行的起点。

(续)

操作步骤	示教器界面
3）打开"文件"菜单，选择"新建模块"命令	
4）在图示对话框中单击"是"按钮	
5）单击"ABC..."按钮为程序模块设定名称，输入"RLINE"，然后单击"确定"按钮，创建名为"RLINE"的程序模块	
6）在该模块中创建例行程序，选中模块"RLINE"，然后单击"显示模块"	

1. 绝对位置运动指令 MoveAbsJ

MoveAbsJ 指令是工业机器人的运动使用 6 个轴和外轴的角度值来定义目标位置数据。

指令语法如下：

MoveAbsJ P1,v1000,z50,\tool1\wobj:=wobj1;

该指令语法中的具体参数含义见表 6-8。

表 6-8 MoveAbsJ 参数含义表

参　数	含　义
P1	目标点位置数据
v1000	运动速度数据，1000mm/s
z50	转弯区数据
tool1	工具坐标数据
wobj1	工件坐标数据

2. 关节运动指令 MoveJ

关节运动指令 MoveJ 是在路径精度要求不高的情况下，工业机器人的 TCP 从一个位置移动到另一个位置，两个位置之间的路径不一定是直线，所有轴均同时到达目的位置，如图 6-10 所示。

运动指令特性分析

MoveJ 运动的具体过程是不可预见的，6 个轴同时启动并且同时停止。使用 MoveJ 指令可以使工业机器人的运动更加高效快速、更加柔和，但是关节轴运动轨迹是不可预见的，所以使用该指令务必确认工业机器人与周边设备不会发生碰撞。

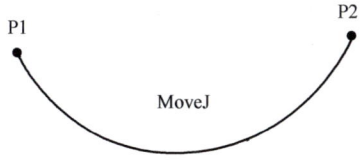

图 6-10 MoveJ 运动路径图

1）指令格式 MoveJ [\Conc,] ToPoint, Speed[\V][\T],Zone[\Z][\Inpos],Tool[\Wobj];

· 91 ·

(续)

操作步骤	示教器界面
7)单击"例行程序"	
8)打开"文件"菜单,选择"新建例行程序"命令	
9)单击"ABC..."按钮设定程序名为"BCSX1",确定例行程序创建于程序模块 RLINE 中,然后单击"确定"按钮,例行程序创建完毕	

2)指令格式说明:

① [\Conc,]:当机械臂正在运动时,执行后续指令。通常不使用,用 [\Conc,] 可将连续运动指令的数量限制为 5。

② ToPoint:目标点默认为"*"。

③ Speed:运行速度数据。

④ [\V]:特殊运行速度,单位为 mm/s。

⑤ [\T]:运行时间控制,单位为 s。

⑥ Zone:运行转角数据。

⑦ [\Z]:特殊运行转角,单位为 mm。

⑧ [\Inpos]:运行停止点数据。

⑨ Tool:工具中心点(TCP)。

⑩ [\Wobj]:工件坐标系。

例如:

MoveJ P1,v200,fine,Tool1;

MoveJ\Conc,P1,v500,fine,Tool1;

MoveJ P1,v600\V:=2200,z40\z:45,Tool1;

MoveJ P1,v1000,z40,Tool1\Wobj:=wobjTable;

MoveJ\Conc,P1,v200,fine\Inpos:=inpos50,Tool1。

3. 线性运动指令 MoveL

线性运动指令 MoveL 是工业机器人的 TCP 从起点到终点之间的路径始终保持为直线。直线运动的起始点是前一运动指令的示教点,结束点是当前指令的示教点,如图 6-11 所示。

图 6-11　MoveL 运动路径图

1)指令格式:MoveL[\Conc,]ToPoint,Speed[\V][\T],Zone[\Z][\Inpos],Tool[\Wobj][\Corr];

2)指令格式说明:

创建完成的例行程序示教器显示界面如图 6-12 所示。

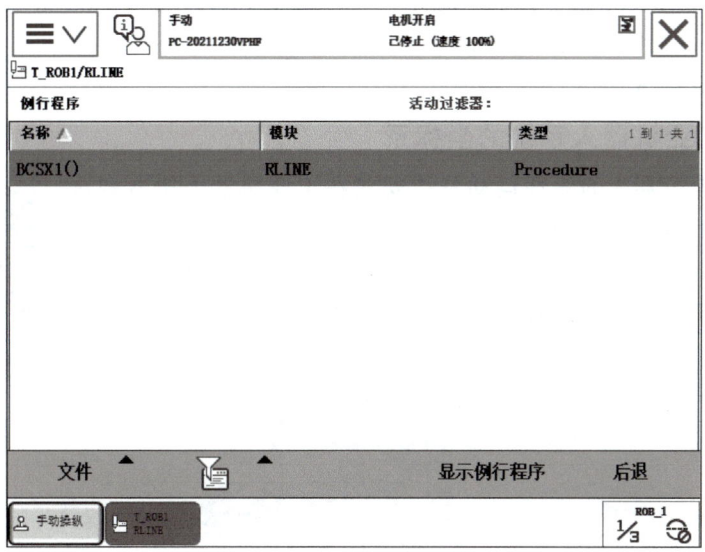

图 6-12　创建完成的例行程序示教器显示界面

步骤三：绘制直线运动轨迹

编写直线运动轨迹程序的具体步骤见表 6-9。

表 6-9　编写直线运动轨迹程序的步骤

操作步骤	示教器界面
1）在程序编辑器打开已创建好的例行程序"BCSX1"，选择"<SMT>"为添加指令的位置，打开"添加指令"菜单，选择"MoveAbsJ"命令	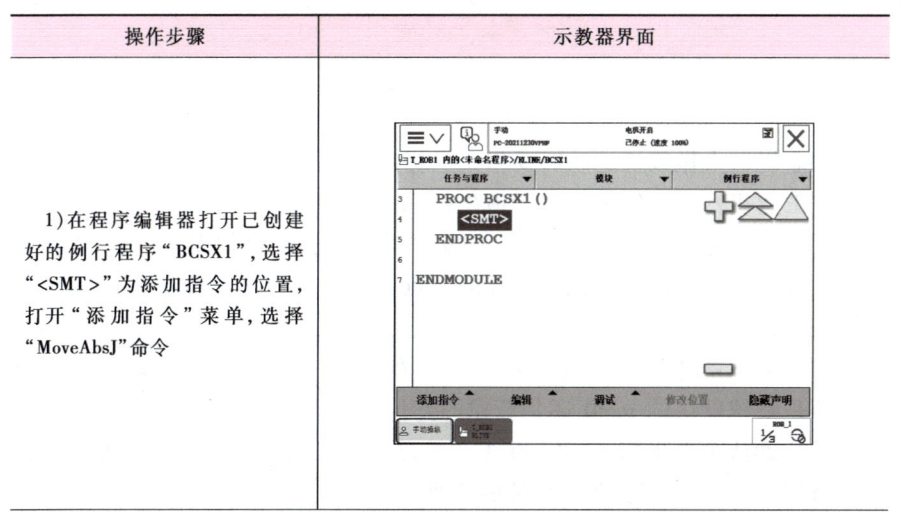

① ［\Conc,］：当机械臂正在运动时，执行后续指令。通常不使用，用［\Conc,］可将连续运动指令的数量限制为 5。

② ToPoint：目标点默认为 *。

③ Speed：运动的速度数据，规定了关于工具中心点、工具范围调整和外轴的速度。

④ ［\V］：规定指令中 TCP 的速率，以 mm/s 计算。

⑤ ［\T］：规定机械臂运行的总时间控制，以 s 计算。

⑥ Zone：相关移动的区域数据，区域数据描述了所生成拐角路径的大小。

⑦ ［\Z］：该参数用于规定指令中机械臂 TCP 的位置精度，其可替代数据中指定的相关区域。

⑧ ［\Inpos］：规定停止点中机械臂 TCP 位置的收敛准则。

⑨ Tool：工具中心点（TCP）。

⑩ ［\Wobj］：规定工业机器人位置关联的工件（坐标系）。

⑪ ［\Corr］：修正目标点开关，将通过指令 CorrWrite 写入修正条目的修正数据添加到路径和目的位置。

如果［\TLoad］自变数被设置成 load0，那么就不考虑［\TLoad］自变数，而是以当前 Tool Data 中的 Load Data 代替。

例如：

MoveL P1,v1000,fine,Tool1；

MoveL \Conc,P1,v200,fine,Tool1；

MoveL P1,v200\V:=220,z40\z:45,Tool1；

MoveL P1,v200,z40,Tool1\Wobj:=wobjTable；

MoveL P1,v200,fine\ Inpos:=inpos50,Tool1；

MoveL P1,v200,z40,Tool1\corr。

根据如图 6-13 所示的运动轨迹，写出其关节指令程序。

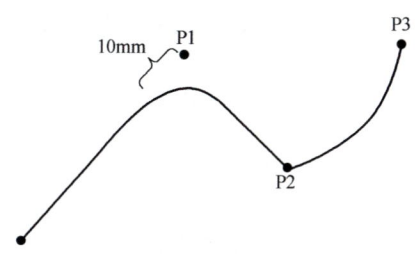

图 6-13　运动轨迹

(续)

操作步骤	示教器界面
2)如右图所示,指令已插入完成	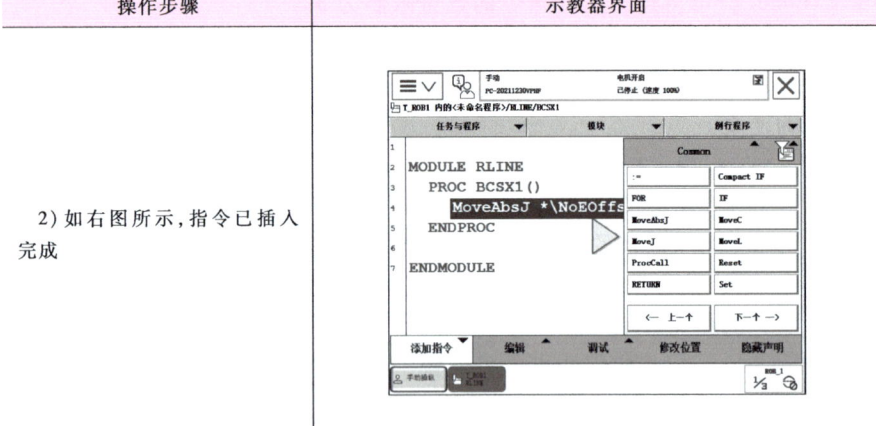
3)任务要求工业机器人在P0点时,工业机器人轴1~轴6的角度分别为0°、-40°、15°、0°、50°、0°,那么需要修改指令中的目标点位置数据,如右图所示,单击"*",打开"编辑"菜单,选择"更改选择内容..."命令	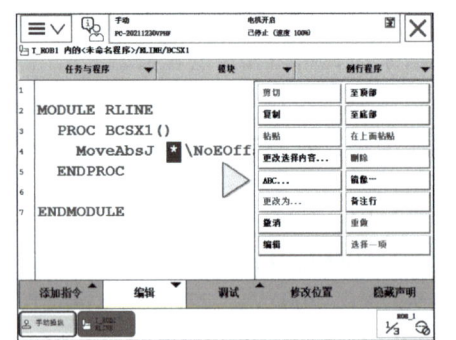
4)单击"新建"按钮	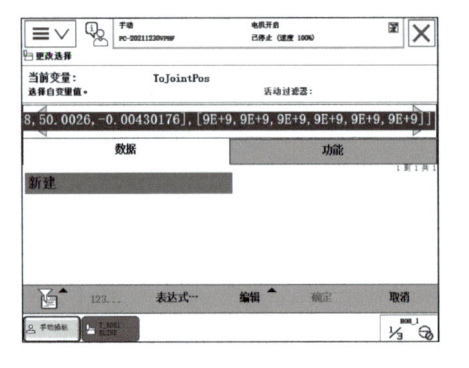

图6-13所示的运动轨迹的指令程序如下:

MoveL P1,v200,z10,tool1;

MoveL P2,v100,fine,tool1;

MoveJ P3,v500,fine,tool1;

二、工业机器人系统的坐标系

工业机器人的线性运动是指安装在工业机器人第六轴法兰盘上工具的TCP在空间中作线性运动。工业机器人有一个默认的工具中心点,它位于工业机器人安装法兰的中心。如果安装工具,可以选择工具的中心为工具中心点,如图6-14所示。

坐标系的定义及机器人坐标系的分类

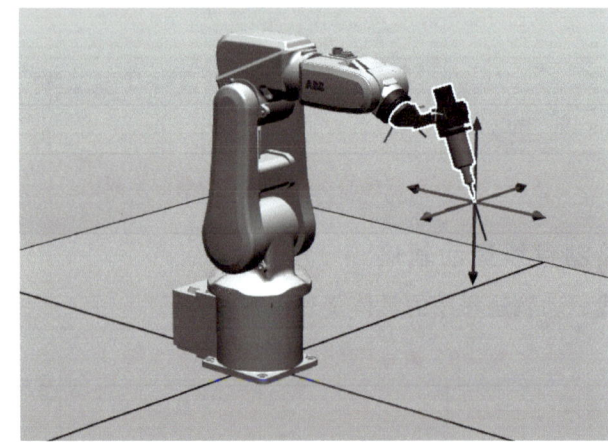

图6-14 TCP图示

工业机器人做线性运动时要指定坐标系。

单工业机器人系统中一般大地坐标和基坐标是一致的。大地坐标、基坐标、工件坐标一旦设定完成后,它们的坐标原点位置以及X、Y、Z轴方向是保持固定不变的,而工具坐标的原点位置和X、Y、Z轴方向是随工业机器人轴运动而变化的。

如果坐标系选择了工具坐标,则要在工具坐标行指定是哪个工具坐标,即是系统默认的tool0还是新建的其他工具坐标。

系统默认工具坐标tool0,在工业机器人第五轴垂直朝上时,工具坐标和基坐标的方向是一致的,如图6-15所示。

(续)

操作步骤	示教器界面
5) 设定数据名称,改为"P0",单击"确定"按钮	
6) 单击"P0",打开"调试"菜单,选择"查看值"命令	
7) 通过界面右侧的小键盘,修改左边的"rax_1～rax_6"的数据,依次修改为 0°、-40°、15°、0°、50°、0°	

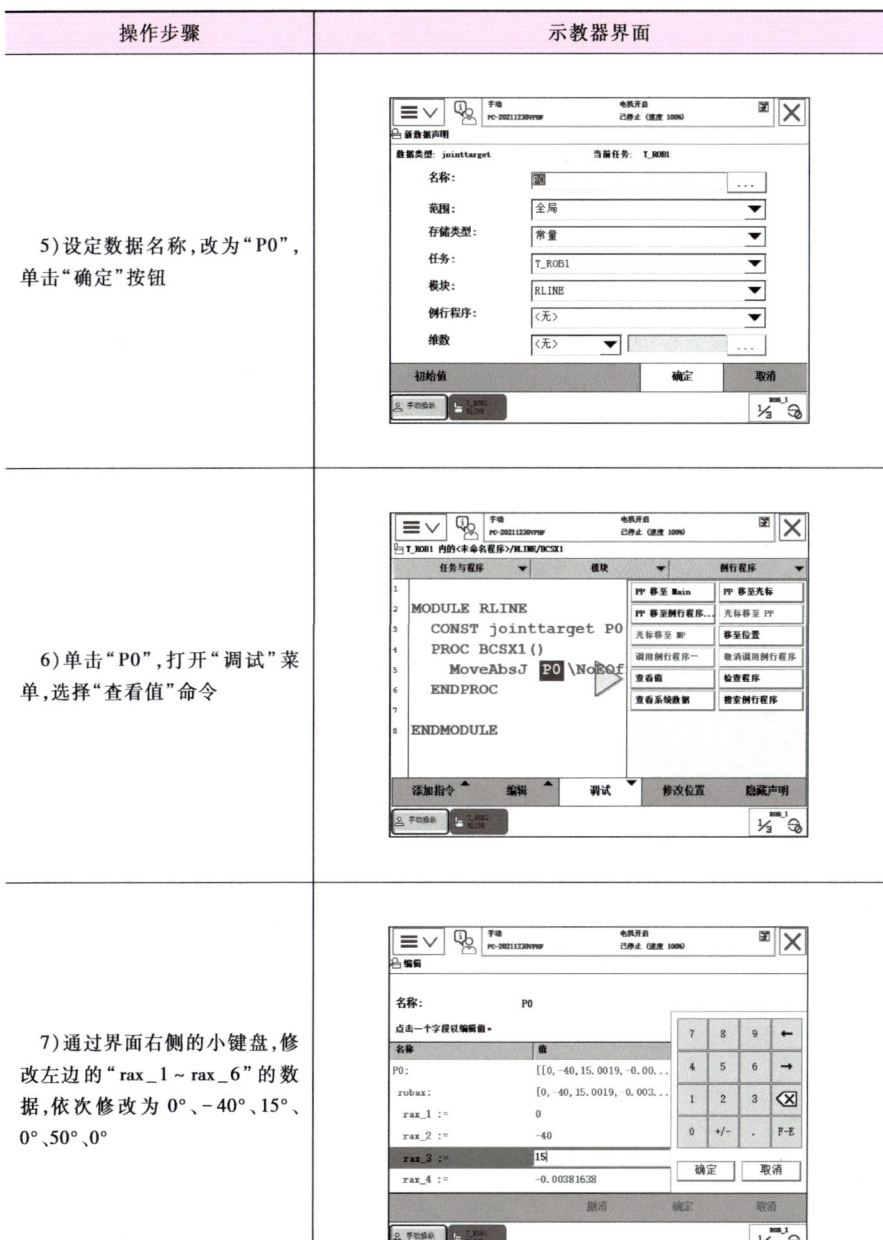

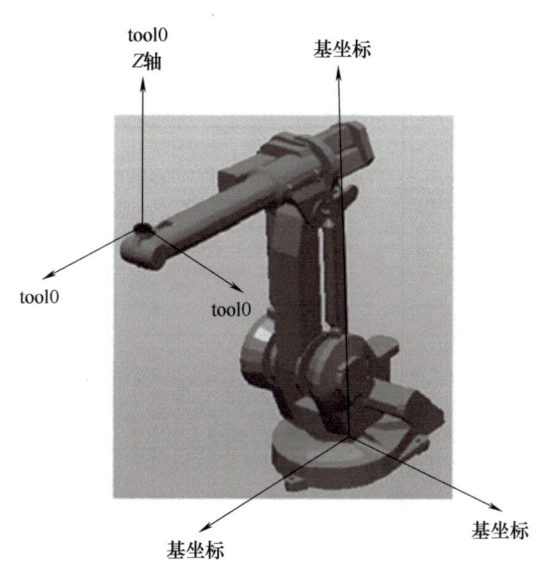

图 6-15 坐标系关系示意图

在手动操纵工业机器人进行线性运动之前,需要在"工具坐标"中指定对应的工具。单击"工具坐标",进行下一步操作,如图 6-16 所示。

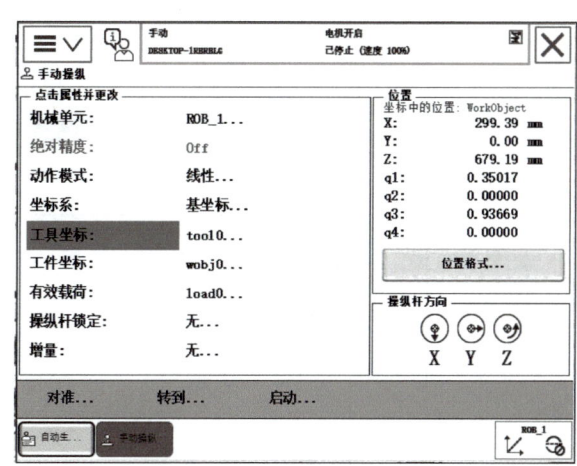

图 6-16 选择"工具坐标"

（续）

操作步骤	示教器界面
8）单击"确定"按钮完成	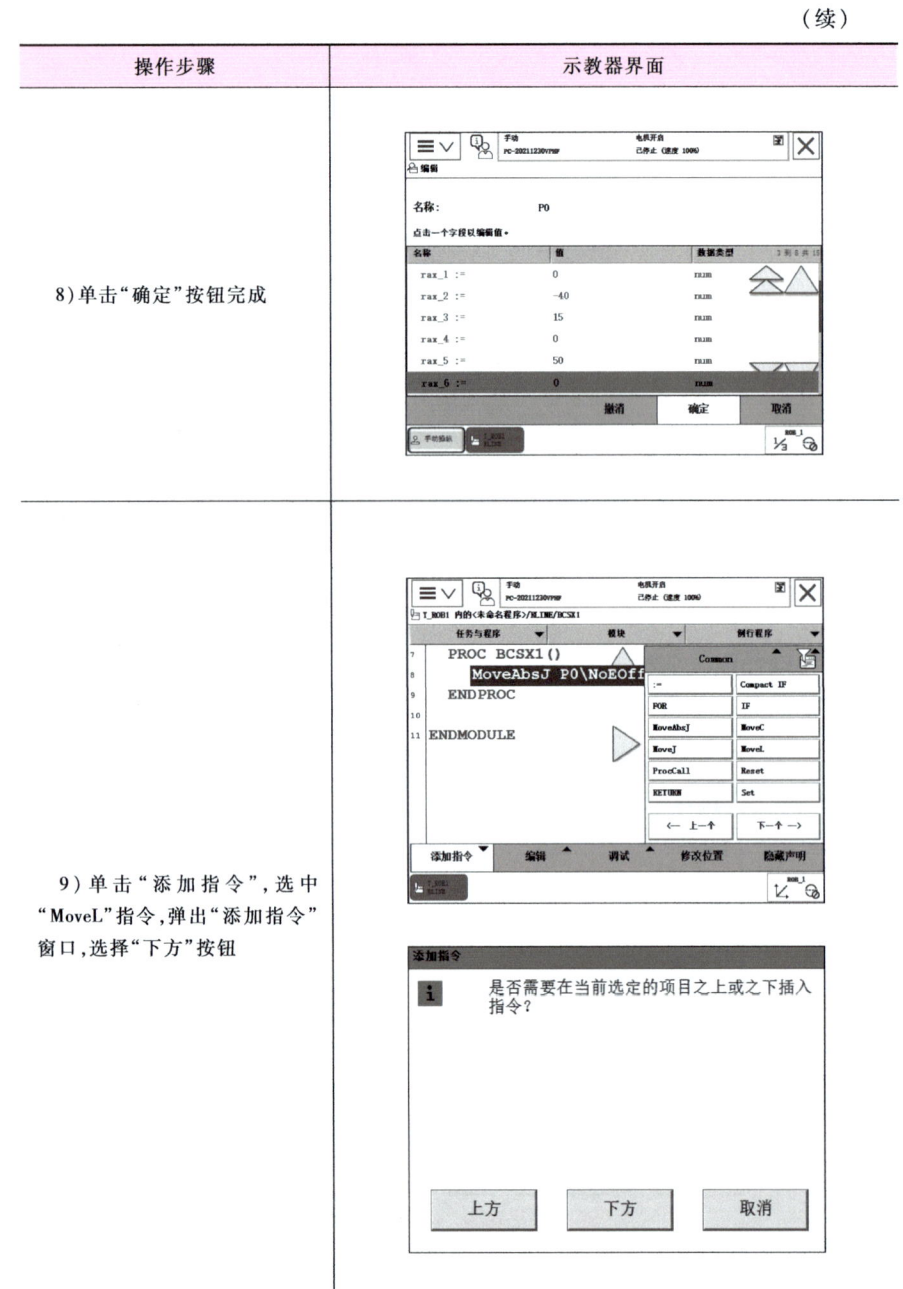
9）单击"添加指令"，选中"MoveL"指令，弹出"添加指令"窗口，选择"下方"按钮	

（续）

操作步骤	示教器界面
10）添加从 P0 到 P1 的指令，可以选用"MoveJ"，也可以用直线指令	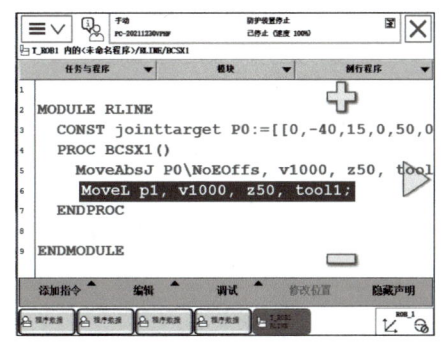
11）任务要求中，工业机器人从 P1 点到 P2 点需要沿着桌子边沿，那么这段路程必须是直线运动，运动到 P2 点的运动指令选择线性运动指令 MoveL。在程序中插入第三条指令，新建程序数据 P2，只设定它的名称，位置数据暂时不管。同样，从 P2 点到 P3 点之间的运动属于直线运动，也是选择线性运动指令 MoveL。在程序中插入第四条指令，新建程序数据 P3，只设定它的名称，位置数据暂时不管	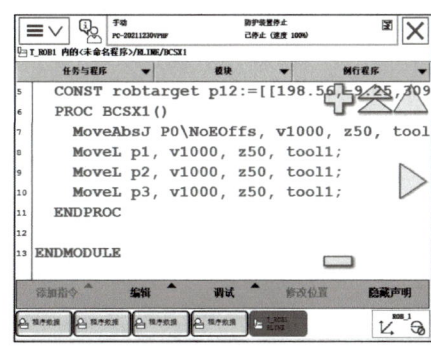
12）工业机器人回到 P0 点，可以复制第一条指令。单击第一条指令，打开"编辑"菜单，选择"复制"命令	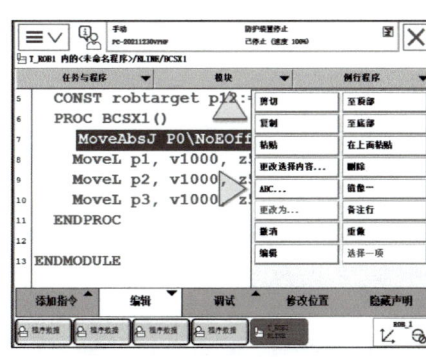

（续）

操作步骤	示教器界面
13）单击第四条指令，打开"编辑"菜单，选择"粘贴"命令	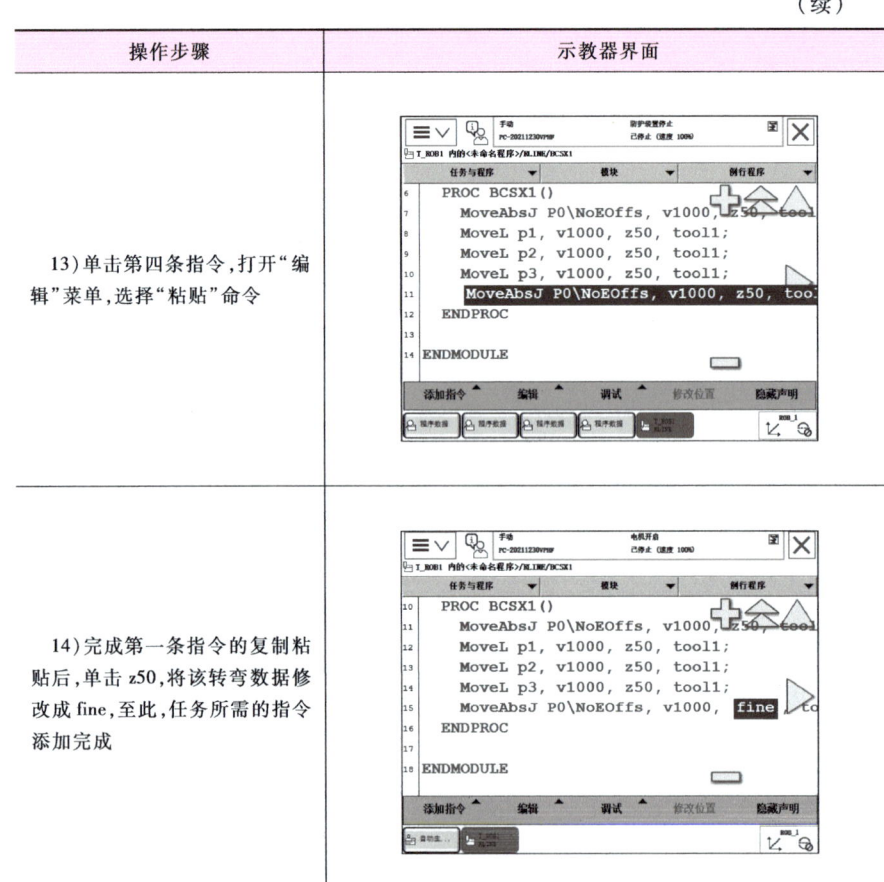
14）完成第一条指令的复制粘贴后，单击 z50，将该转弯数据修改成 fine，至此，任务所需的指令添加完成	
15）程序中的指令除了第一个 P0 点的程序数据已经全部完成以外，后面的 P1、P2、P3 点的位置数据需要选择"手动操纵"，选用合适的动作模式，手动操纵工业机器人运动到相应的位置	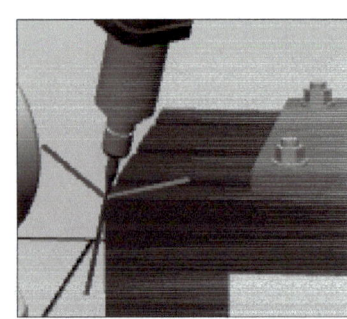

· 98 ·

（续）

操作步骤	示教器界面
16）单击第二条 MoveJ 指令中的 P1 点，单击"修改位置"菜单	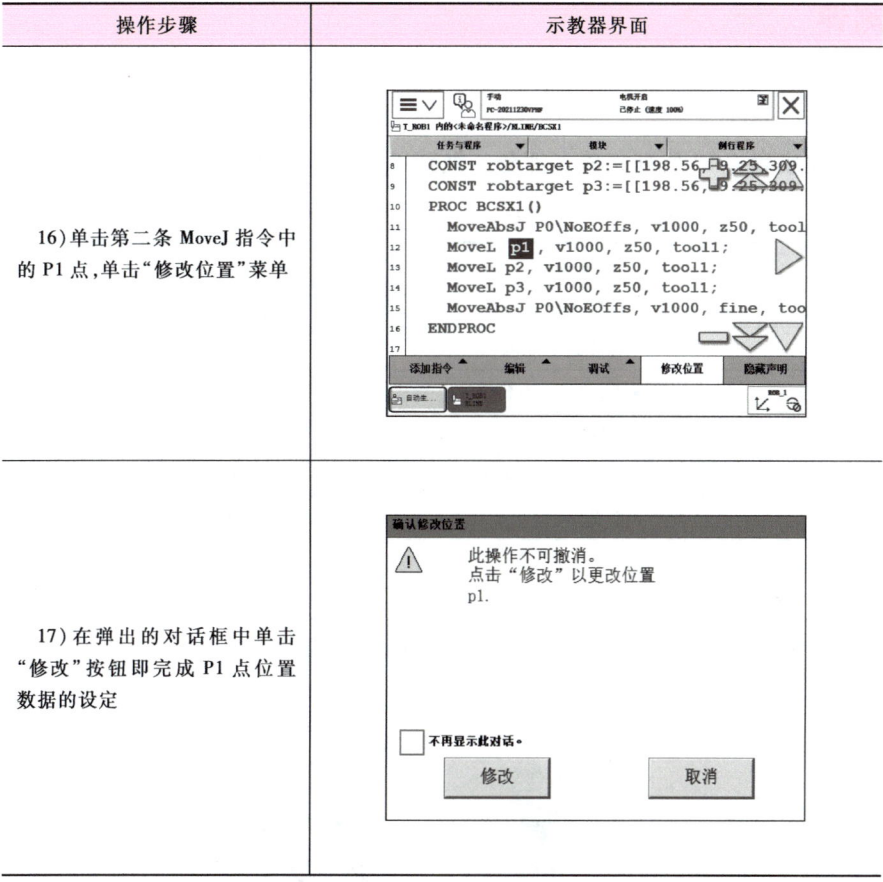
17）在弹出的对话框中单击"修改"按钮即完成 P1 点位置数据的设定	

上述通过手动操纵工业机器人到期望位置之后，进行修改位置以完成目标点位置设定的方法称为目标点示教方法。

注意：在使用工业机器人运动指令时，如果是一段路径的最后一个点，指令中的转弯区数据一定要为 fine。

任务二测评

1. 知识测评

确定本任务关键词,按重要程度进行关键词排序并举例解读。

根据自己对重要信息的捕捉、排序、表达、创新和划分权重的能力进行自评,满分 100 分,见表 6-10。

表 6-10　工业机器人绘制直线图形知识测评表

序号	关键词	举例解读	评分自定
1			
2			
3			
4			
5			
总分			

2. 能力测评

完成表 6-11 所列作业内容评分,操作规范可得分,操作错误或未操作得零分。

表 6-11　工业机器人绘制直线图形能力测评表

序号	能力点	配分	得分
1	创建例行程序	30	
2	绘制直线图形	70	
	总分	100	

3. 素养测评

完成表 6-12 所列素养点评分,做到可得分,未做到得零分。

表 6-12　工业机器人绘制直线图形素养测评表

序号	素养点	配分	得分
1	学习纪律	20	
2	操作过程规范	20	
3	严谨认真、一丝不苟精神	20	
4	互相帮助、团队精神	20	
5	学习环境符合"8S"管理要求	20	
	总分	100	

4. 拓展训练

分别将工业机器人手动操纵运动到图 6-1 中的 P2、P3 点,然后通过"修改位置"设定 P2 点和 P3 点的位置数据,如图 6-17 所示。

图 6-17　设定 P2 和 P3 位置数据

任务三　工业机器人绘制圆形

| 工业机器人绘制圆形 | 相 关 知 识 |

步骤一：布置任务

编写工业机器人程序，让工业机器人工具的 TCP 从图 6-1 中的 P0 点先运动到图 6-18 中的 P4 点，然后绕着桌上物体顶端的小圆面边缘作圆弧运动，最后再回到 P0 点。

图 6-18　圆形轨迹运行示意图

步骤二：绘制圆形轨迹

创建例行程序 BCSX2，编写返回原点 P0 指令，然后到达 P4 点，与前面 BCSX1 类似。工业机器人从 P4 点开始完成圆形轨迹，编写步骤见表 6-15。

一、圆弧运动指令

圆弧运动指令 MoveC 也称为圆弧插补运动指令，三点确定唯一圆弧，所以圆弧运动需要在工业机器人可到达的空间范围内示教 3 个位置点，第一点是圆弧的起点，第二点用于圆弧的曲率，第三点是圆弧的终点。圆弧运动示意图如图 6-19 所示，P1 是圆弧的第一个点，P2 是圆弧的第二个点，P3 是圆弧第三个点。

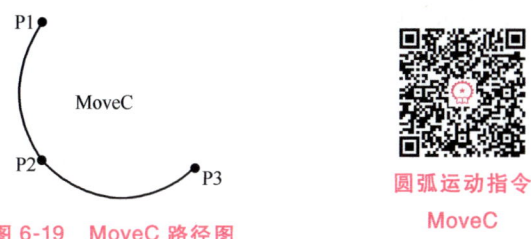

图 6-19　MoveC 路径图

圆弧运动指令 MoveC

1. 指令格式

MoveC[\Conc,]CirPoint,ToPoint,Speed[\V][\T],Zone[\Z][\Inpos],Tool[\Wobj][\Corr]；

指令格式中参数说明见表 6-13 和表 6-14。

表 6-13　MoveC 必选参数表

编号	必选参数	注　释
1	CirPoint	中间点，默认为"＊"
2	ToPoint	目标点，默认为"＊"
3	Speed	运行速度数据
4	Zone	运行转角数据
5	Tool	工具中心点（TCP）

表 6-15 圆形轨迹程序编写步骤

操作步骤	示教器界面
1) 采用示教方法设定 P4 位置数据，手动操纵工业机器人到图示 P4 点位置，在界面中选择"修改位置"，P4 点设定完毕	
2) 根据任务描述，接下来工业机器人工具中心点要绕着桌面物体上表面的圆面作圆弧运动，选择圆弧运动指令 MoveC，上一步新建的 P4 点作为圆弧路径的第一个点，在程序中插入指令	
3) 指令中的 P14 和 P24 两个目标点分别作为圆弧上的第二和第三个点，通过手动示教的方法改变它们的位置数据 手动操纵工业机器人运动到图示位置，单击指令中的 P14，通过在界面中选择"修改位置"，设定好 P14 点的位置数据	
4) 手动操纵工业机器人运动到右图示所示位置，单击指令中的 P24，通过在界面中选择"修改位置"，设定好 P24 点的位置数据	

表 6-14 MoveC 可选参数表

编号	可选参数	注释
1	[\Conc,]	当机械臂正在运动时，执行后续指令。通常不使用，用[\Conc,]，可将连续运动指令的数量限制为 5
2	[\V]	特殊运行速度，单位为 mm/s
3	[\T]	运行时间控制，单位为 s
4	[\Z]	特殊运行转角，单位为 mm
5	[\Inpos]	运行停止点数据
6	[\Wobj]	工件坐标系
7	[\Corr]	修正目标点开关

2. 应用举例

例如：

(1) MoveC P1,P2,v200,Z50,Tool1

解释：工具的 TCPTool1 沿着圆周运动经过 P1 运动到终点 P2，速度为 200mm/s，区域半径为 50mm。

(2) MoveC P1,P2,V200\V:=550,Z20\Z:=45,Tool1

解释：工具的 TCPTool1 沿着圆周运动到指令存储的位置。将数据设置为 V200 和 Z20，开始运动，速度为 550mm/s，区域半径为 45mm。

(3) MoveC P1,P2,v200,fine\Inpos:=50,Tool1

解释：工具的 TCPTool1 沿着圆周运动经过 P1 运动到终点 P2，当满足关于终点 fine 的 50% 的位置条件和 50% 的速度条件时，工业机器人认为工具位于点内，最多等待 2s 以满足各个条件。

(4) MoveC P1,P2,v2000,z40,Tool1\Wobj:=Wobj1

解释：工具的 TCPTool1 沿着圆周运动经过 P1 运动到终点 P2，在工件坐标系中指定该点位置。

3. 画圆

工业机器人不可能通过一个 MoveC 指令完成一个圆，需要通过两个 MoveC 指令，实施一个完整的周期，如图 6-20 所示。

（续）

操作步骤	示教器界面
5）完成第一条圆弧指令，工业机器人的轨迹只能走半圆，要绕着整圆一圈，必须再新添一条圆弧指令	
6）手动操纵工业机器人运动到图示位置，单击指令中的P34，通过在界面中选择"修改位置"，设定好P34点的位置数据	
7）手动操纵工业机器人运动到图示位置，单击指令中的P44，通过在界面中选择"修改位置"，设定好P44点的位置数据	
8）最终，工业机器人还要回到P0点，那么参考前面的方法复制第一条语句粘贴到上一条MoveC语句下方，将拐弯数据z50修改成fine。至此，程序编写完成，最后还是要参照前面的方法，调试工业机器人程序，最终达到任务要求	

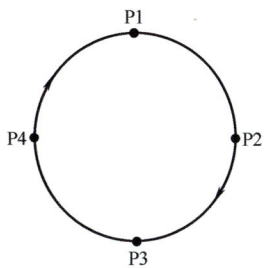

图6-20 用MoveC指令画圆示意图

MoveL P1,v500,fine,tool1；

MoveC P2,P3,v500,z20,tool1；

MoveC P4,P1,v500,fine,tool1；

使用MoveC要注意以下问题：

1）3个示教点之间的最小距离是0.1mm。

2）以第一点（起点）为顶点，第二点（曲率点）和第三点（终点）所形成的角度要大于1°。

3）"MoveC"指令上两个点之间的路径角度不能超过240°。

步骤三：运行仿真

在软件 RobotStudio 中，仿真已经编写好的工业机器人程序，步骤见表 6-16。

表 6-16　仿真机器人程序步骤

操作步骤	示教器界面
1）在"仿真"菜单中，单击"仿真设定"工具按钮	
2）在仿真对象中选中"T_ROB1"，在"进入点"选中程序"BCSX1"，单击"关闭"按钮，将程序加入到主队列中，进入仿真视图	
3）在"仿真"菜单中单击"播放"工具按钮	

任务三测评

1. 知识测评

确定本任务关键词，按重要程度进行关键词排序并举例解读。

根据自己对重要信息的捕捉、排序、表达、创新和划分权重的能力进行自评，满分 100 分，见表 6-17。

表 6-17 工业机器人绘制圆形知识测评表

序号	关键词	举例解读	评分自定
1			
2			
3			
4			
5			
		总分	

2. 能力测评

完成表 6-18 所列作业内容评分，操作规范可得分，操作错误或未操作得零分。

表 6-18 工业机器人绘制圆形能力测评表

序号	能力点	配分	得分
1	绘制圆形轨迹	70	
2	运行仿真程序	30	
	总分	100	

3. 素养测评

完成表 6-19 所列素养点评分，做到可得分，未做到得零分。

表 6-19 工业机器人绘制圆形素养测评表

序号	素养点	配分	得分
1	学习纪律	20	
2	操作过程规范	20	
3	严谨认真、一丝不苟精神	20	
4	互相帮助、团队精神	20	
5	学习环境符合"8S"管理要求	20	
	总分	100	

4. 拓展训练

编制程序，使工业机器人前段画笔顺时针画圆，5s 后逆时针画圆。

拓展阅读——工业机器人的发展

从工业机器人的技术发展历程来看，其发展经历了三个阶段，每个阶段工业机器人技术都有不同程度的提升，下面具体说明工业机器人的发展史。

一、第一代简单的示教再现型机器人

20 世纪 50 年代末，美国约瑟夫·恩格尔伯格（Joseph F. Englberger）与乔治·德沃尔（GeorgeDevol）合作成立了世界上第一个机器人公司 Unimation。1959 年，Unimation 公司研制出第一台工业机器人——Unimate，如图 6-21 所示。在 1961 年将该工业机器人应用到美国通用公司的汽车生产线上，用于按次序堆叠热压铸金属件。德沃尔和恩格尔伯格也被称为"工业机器人之父"。

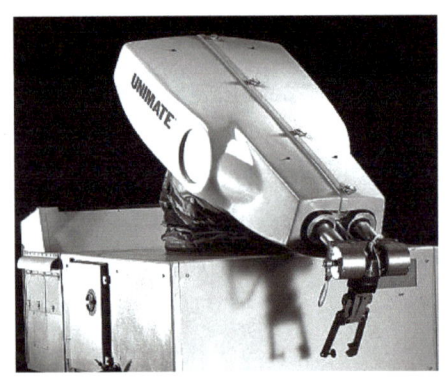 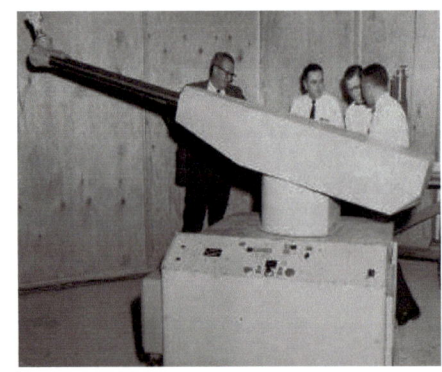

图 6-21 世界上第一台工业机器人问世

二、第二代低级智能机器人

自 20 世纪 60 年代中期开始，美国麻省理工学院、斯坦福大学、英国爱丁堡大学等陆续成立了机器人实验室。美国兴起研究第二代带传感器的"有感觉"的机器人，并向人工智能进发。

1969 年，日本人将恩格尔伯格请到东京演讲，指导日本汽车厂商研发工业机器人。这时川崎重工公司引进了 Unimation 机械手臂，此事对日本工业机器人的发展产生了深远影响。同年，川崎重工公司成功开发了 Kawasaki-Unimate2000 机器人，预示日本生产的第一台工业机器人问世。1971 年，日本机器人协会（Japanese Robot Association）正式成立，这是世界上第一个国家机器人协会。

20 世纪 70 年代，随着计算机和人工智能技术的发展，工业机器人进入了实用化时代。1973 年，第一台机电驱动的六轴工业机器人面世。德国库卡公司（KUKA）将其使用的 Unimate 机器人研发改造成第一台产业工业机器人，命名为 Famulus，这是世界上第一台机电驱动的六轴工业机器人。1974 年，瑞典通用电机公司（ASEA，ABB 公司的前身）开发出世界上第一台全电力驱动、由微处理器控制的工业机器人 IRB-6。IRB 6 采用仿人化设计，其手臂动作模仿人类的手臂，荷重 6kg、五轴。同年，美国辛辛那提米拉克龙公司开发出第一台由小型机器控制的 T3 工业机器人。1978 年，美国 Unimation 公司推出通用工业机器人 PUMA，这标志着工业机器人技术已经完全走向成熟，PUMA 至今仍然工作在工厂的第一线。

三、第三代高级智能工业机器人

20 世纪 90 年代，随着计算机技术、智能技术的进步和发展，第二代具有一定感知功能的工业机器人已经实用化并开始推广，具有视觉、触觉、高灵巧手指、能行走的第三代智能工业机器人相继出现并开始走向应用，它不但有第二代工业机器人的感觉功能和简单的自适应能力，而且能充分识别工作对象和工作环境，并能根据人类给出的指令和它自身的判断结果自动确定与之相适应的动作。

四、中国工业机器人技术的发展

许多国外工业机器人厂商在工业机器人领域已经逐步形成了垄断市场，这些厂商掌握着运动控制器、伺服电机、减速器和驱动器等关键的技术。在中国企业的努力下，国产工业机器人也取得了很大的成就。

1985 年，上海交通大学机器人研究所完成了"上海一号"弧焊机器人的研究，这是中国自主研制的第一台六自由度关节机器人。在过去的三

拓展阅读——工业机器人的发展

年时间里，中国已成为全球第一大工业机器人市场，工业机器人逐渐成为提升中国整体竞争力的重要领域。大量优秀的工业机器人企业涌现，以沈阳新松机器人自动化股份有限公司、南京埃斯顿自动化股份有限公司、埃夫特智能装备股份有限公司、武汉华中数控股份有限公司、广州数控设备有限公司、上海新时达电气股份有限公司等为代表的企业为中国工业机器人行业的发展不断添火加薪。

目前中国工业机器人行业正处于初步产业化阶段，从发展期逐渐迈向成熟期。在全球市场上，近年来中国工业机器人产量持续增加，2019年时中国工业机器人装机量与产量均居全球首位，2020年中国工业机器人产量突破20万套，达到23.71万套，同比增长19.1%。2021年，中国工业机器人产量为36.6万套，同比增长44.9%。2020年，中国工业机器人市场规模为422.5亿元，同比增长18.9%。2021年中国工业机器人市场规模达到445.7亿元，到2023年，中国国内市场规模进一步扩大，预计将突破589亿元。

从第一台工业机器人问世以来，工业机器人的发展一直没有停步。从两轴到六轴、从重量级到轻量级、从液压执行驱动到电动马达再到计算机控制，应用领域从汽车工业扩展至普通制造业、服务业等，其巨大的发展潜力促使工业机器人不断增加新的应用领域和功能。直至今天，约有110万工业机器人服务世界各地的各行各业。各国发展研究工业机器人的时间节点和发展程度虽均有所不同，但却在世界范围内形成了以发达国家主要支撑的工业机器人家族企业。中国经历了40多年的机器人技术摸索和发展阶段，虽有一定的成绩，但与发达国家相比仍有不少差距，说明中国未来工业机器人的研究仍任重道远。

中国工业机器人市场仍被四大家族等外资品牌占据主要市场份额。据资料显示，2020年中国工业机器人市场中，发那科、爱普生、ABB、安川的市场占比分别为13.9%、9.7%、8.3%、7.7%。国内品牌中市场占有率最高的是埃斯顿位列第8，市场占有率为3.3%。

项目七　工业机器人码垛工作

一、项目描述

工业机器人控制柜控制面板的参数设定好后，按下"确定"按钮，然后按下"码垛开始"，工业机器人从码垛平台 A 的末端抓取工件，放置到码垛平台 B 上，工件摆放按照码垛设定要求进行。要求工业机器人自动完成码垛。在工业机器人运行时控制面板记录运行时间，当运行过程中遇到突发情况时，按下控制面板上的急停按钮，码垛任务立即停止。

二、项目要求

1）了解 DSQC652 通信板卡的不同端子接口及地址分配。
2）编写计时程序的启动和停止。
3）编写工业机器人码垛程序，调试运行整个程序。

三、项目目标

1）掌握 DSQC652 通信板卡通信设置方法。
2）完成计时程序的启动和停止的编写和调试。
3）完成设定码垛任务的带参数例行程序的编写和调试。
4）培养学生自觉遵守工业机器人国家职业标准和要求的规定，规范操作过程、保持实训环境符合"8S"管理要求，帮助学生养成精益求精的职业习惯。
5）体会严谨的工匠精神。

四、项目学习载体

本项目在工业机器人码垛单元平台（图 7-1）上进行。

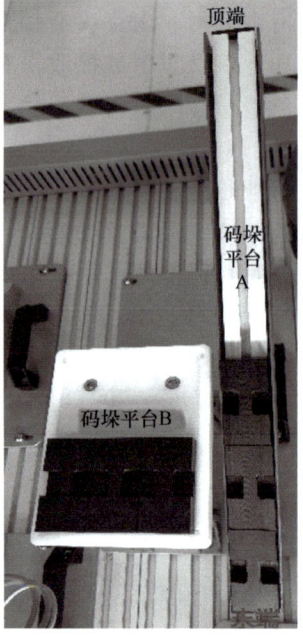

工业机器人码垛演示

图 7-1　工业机器人码垛平台

任务一 工业机器人的通信设置

工业机器人 DSQC652 通信设置

步骤一：定义 DSQC652 的总线连接

根据表 7-1 的要求，对 DSQC652 通信板卡进行设置，具体步骤见表 7-2。

DSQC 总线的连接

表 7-1 DSQC652 通信板卡的总线连接

参数名称	设定值	说明
DeviceNet Device		设置 DeviceNet 总线连接单元
Name	D652	设置 I/O 板在系统中的名字
Address	10	设置 I/O 板在总线中的地址

表 7-2 DSQC652 通信板卡设置的步骤

操作步骤	示教器界面
1) 进入示教器主界面菜单，单击"控制面板"选项	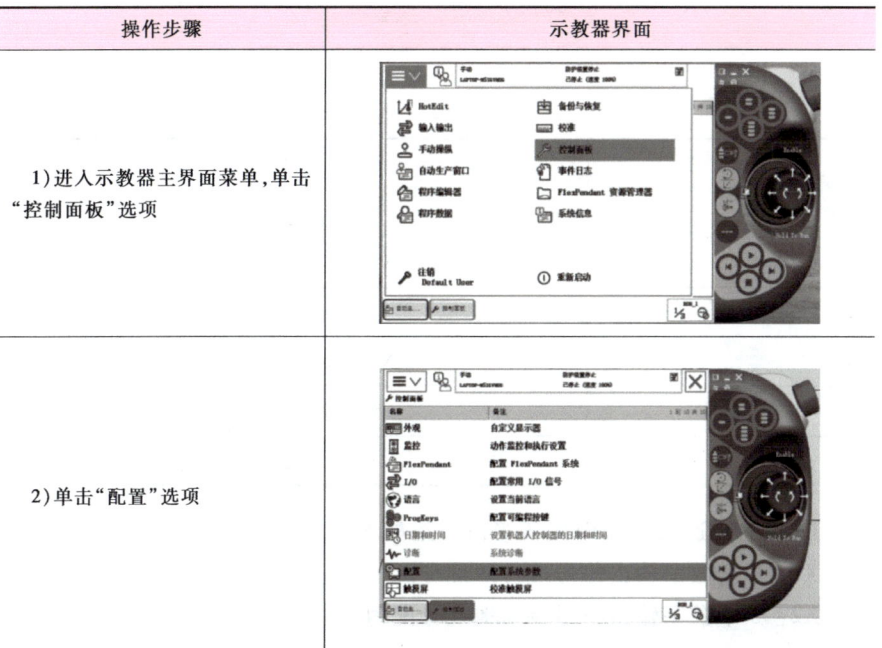
2) 单击"配置"选项	

相关知识

一、工业机器人 DeviceNet 通信

DeviceNet 是 20 世纪 90 年代中期发展起来的一种基于 CAN 技术的开放型、符合全球工业标准的低成本、高性能的通信网络，规范定义了用于在工业控制系统的元素之间移动数据的网络通信系统。最初由美国 Rock-Well 公司开发应用。

DeviceNet 是连接工业设备的通信链路，它是一种简单的网络解决方案，减少了布线和安装工业自动化设备的成本和时间，且直接连接提供了更好的设备之间的通信。

用于 ABB 工业机器人 IRC5 控制柜的 DeviceNet 网络，运行在 IRC5 主计算机的单通道 PCI Express 板上。DeviceNet Master/Slave 选项在 IRC5 控制柜中可以作为一个主站、从站，或两者均可。

二、工业机器人通信板卡

ABB 工业机器人提供了丰富的 I/O 通信接口，可实现与周边设备进行通信。ABB 标准 I/O 信号板提供的常用信号处理有数字输入 DI、数字输出 DO、模拟输入 AI、模拟输出 AO 以及输送链跟踪；ABB 常用标准 I/O 信号板有 DSQC651、DSQC652、DSQC653、DSQC355A、DSQC377A 五种，除分配地址不同外，其配置方法基本相同。各种 I/O 信号板的说明见表 7-3。

表 7-3 I/O 信号板说明

序号	型号	说明
1	DSQC651	分布式 I/O 模块 DI8、DO8、AO2
2	DSQC652	分布式 I/O 模块 DI16、DO16
3	DSQC653	分布式 I/O 模块 DI8、DO8 带继电器
4	DSQC355A	分布式 I/O 模块 AI4、AO4
5	DSQC377A	输送链跟踪单元

下面主要介绍 DSQC652 通信板卡。

(续)

操作步骤	示教器界面
3）双击"DeviceNet Device"，进行DSQC652通信板卡的选择及地址的设定	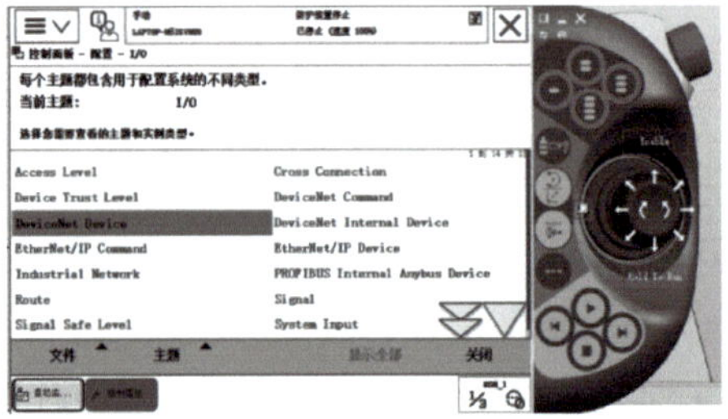
4）单击"添加"按钮	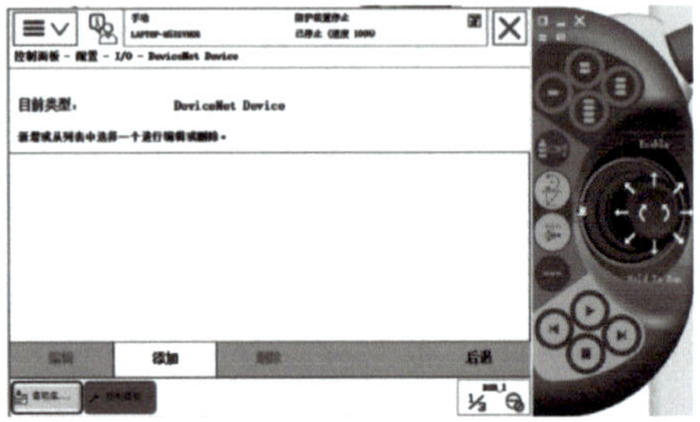
5）单击右上方下拉黄色箭头图标，选择使用I/O板类型	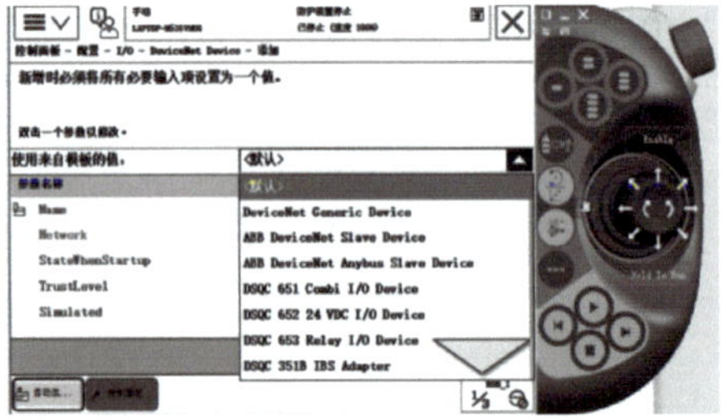
6）选择DSQC652通信板卡的I/O设置，其参数会自动生成默认值	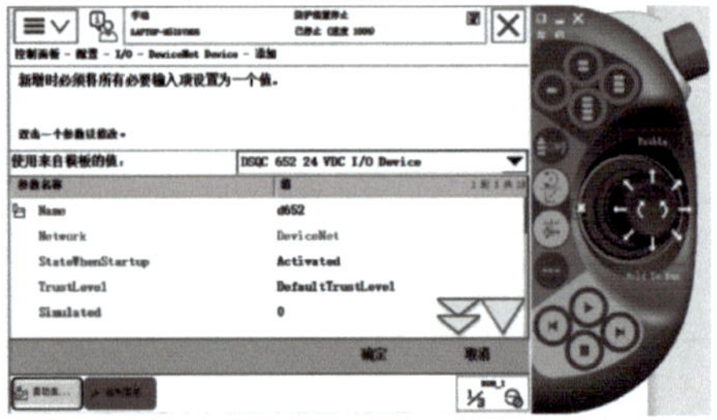

三、DSQC652 通信板卡结构

DSQC652 通信板卡主要提供 16 个数字输入信号和 16 个数字输出信号的处理。请将图 7-2 中各个部件对应的编号填入表 7-4 中。

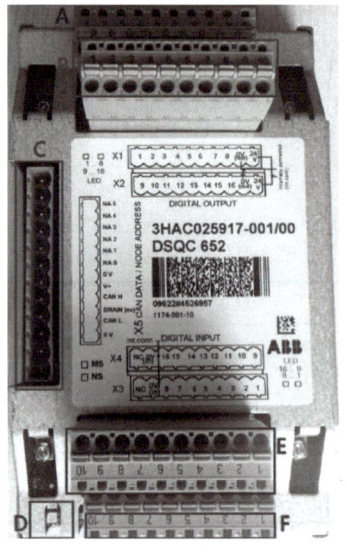

图 7-2 DSQC652 通信板卡结构图

表 7-4 DSQC652 通信板卡结构表

标号	名称
	数字输出信号指示灯
	X1 和 X2 数字输出接口
	X5 DeviceNet 接口
	X3 和 X4 数字输入接口
	数字输入信号指示灯
	模块状态指示灯

DSQC652 通信板卡面板各接口介绍如下。

X1：8 个数字输出信号端（地址分配为：0~7）；

X2：8 个数字输出信号端（地址分配为：8~15）；

操作步骤	示教器界面
7）双击"Address"选项，只需要将Address的值改为10，单击"确定"按钮，返回参数设定界面	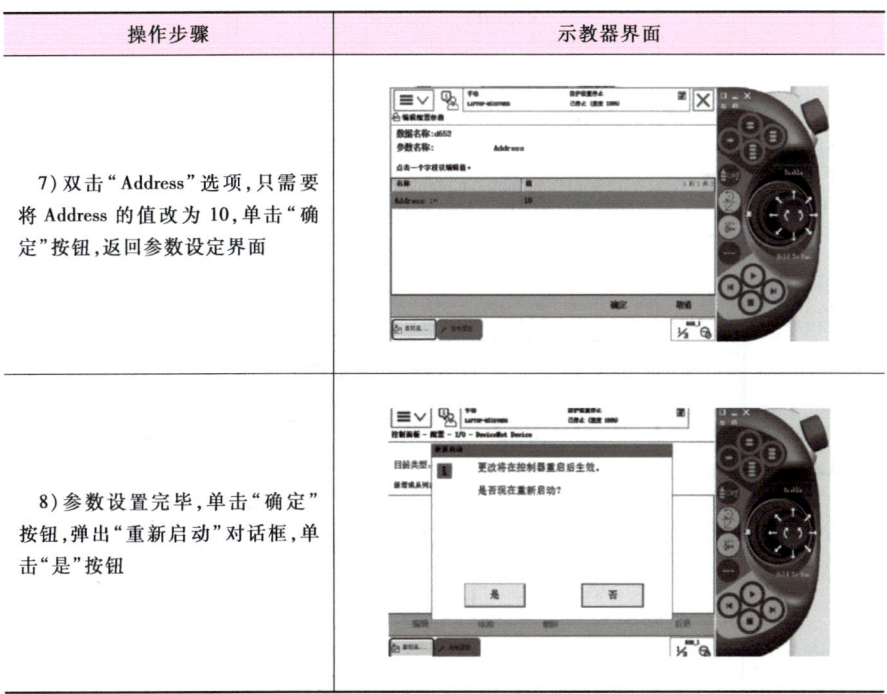
8）参数设置完毕，单击"确定"按钮，弹出"重新启动"对话框，单击"是"按钮	

步骤二：定义数字输入信号DI

根据表7-5的要求，对数字输入信号进行设置，具体步骤见表7-6。

数字输入信号的配置

表7-5 数字输入信号的相关参数

参数名称	设定值	说明
Name	DI1	设定数字输入信号名字
Type of signal	Digital Input	设定信号的种类
Assigned to Device	D652	设定信号所在的I/O模块
Device Mapping	0	设置I/O模块在总线中的地址

X3：8个数字输入信号端（地址分配为：0~7）；
X4：8个数字输入信号端（地址分配为：8~15）；
X5：DeviceNet接口（用于与控制柜的总线连接）。

四、I/O信号板与PLC、视觉控制器等终端接线

I/O信号板与PLC、视觉控制器的终端接线如图7-3所示。

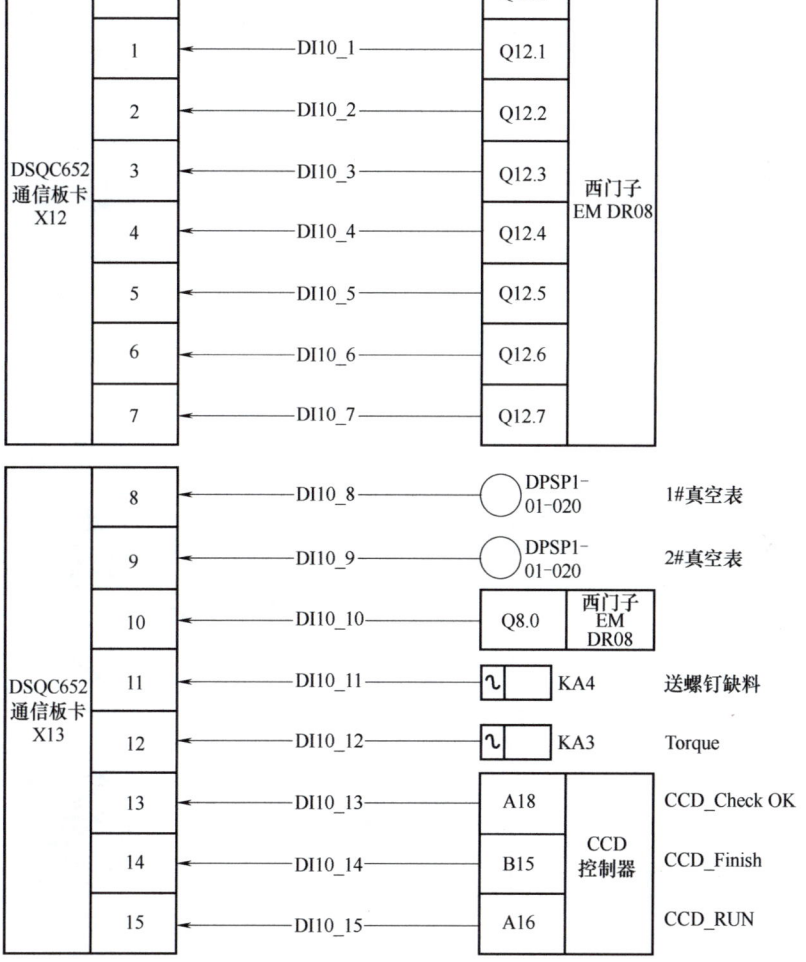

图7-3 I/O信号板与PLC、视觉控制器的终端接线图

表 7-6　数字输入信号设置的步骤

操作步骤	示教器界面
1）进入示教器主界面菜单，单击"控制面板"选项	
2）单击"配置"	
3）双击"Signal"	
4）单击"添加"按钮	

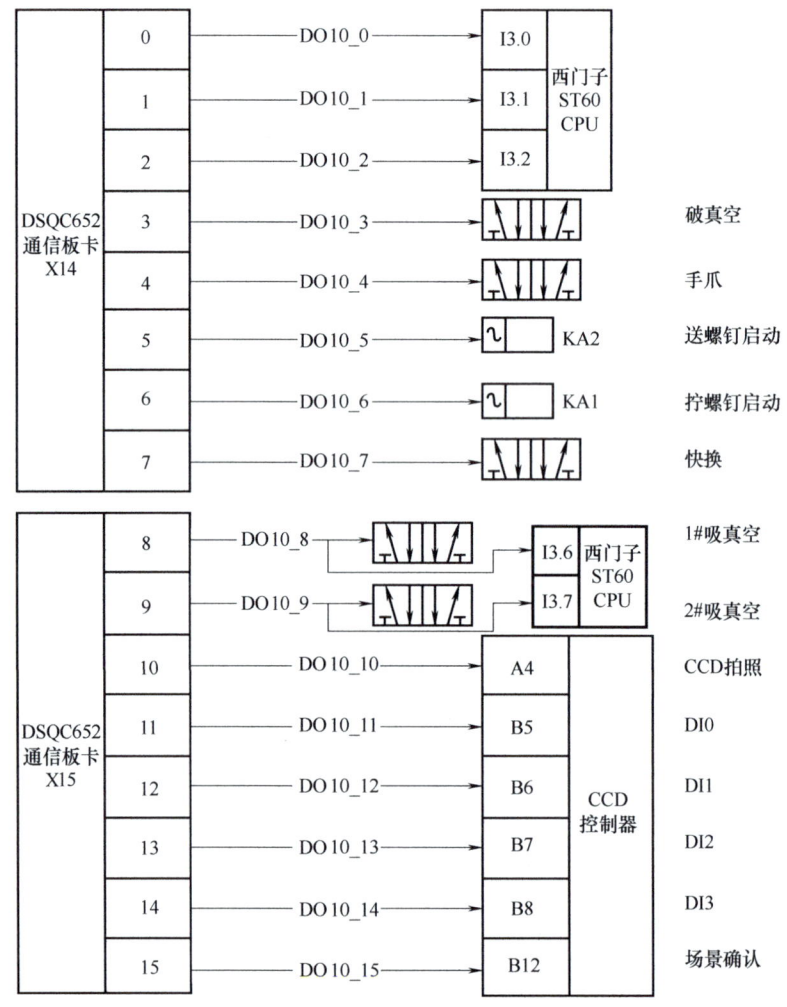

图 7-3　I/O 信号板与 PLC、视觉控制器的终端接线图（续）

五、DSQC652 的 DeviceNet 接口

DSQC652 的 I/O 信号板地址位的设置需对应 I/O 信号板的硬件安装情况，即 I/O 信号板中 DeviceNet 接口的连接情况进行设置。DeviceNet 接口分布如图 7-4 所示。

(续)

操作步骤	示教器界面
5）双击"Name"，输入"di1"，然后单击"确定"按钮	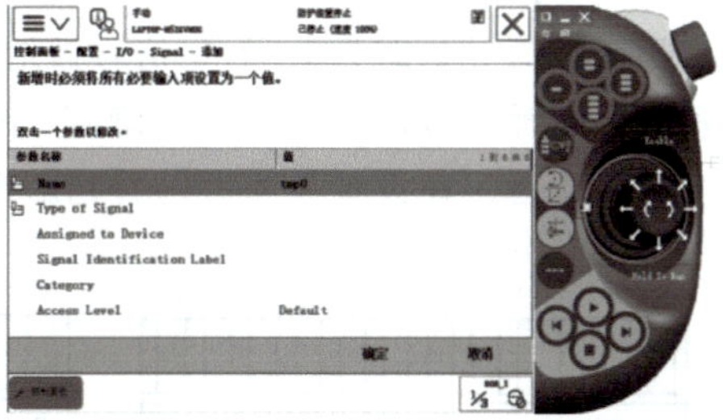
6）双击"Type of Signal"，然后选择"Digital Input"	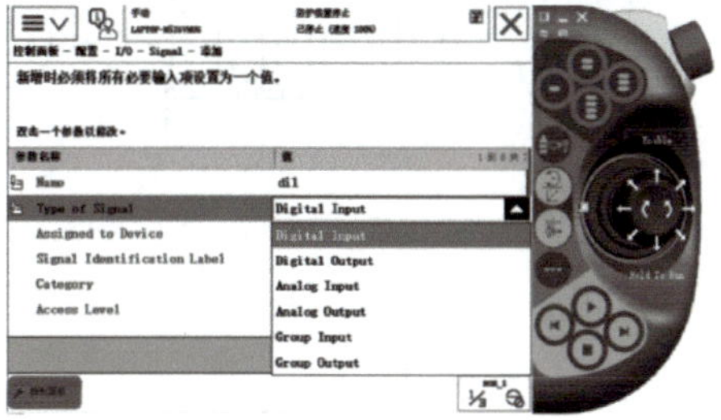
7）双击"Assigned to Device"，然后选择"d652"	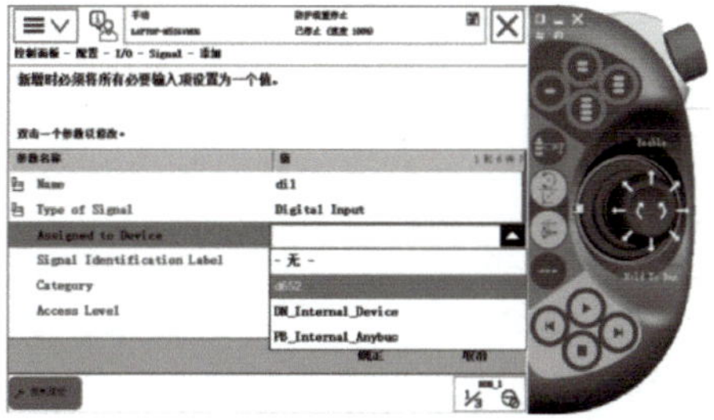
8）双击"Device Mapping"，输入0后，单击"确定"按钮	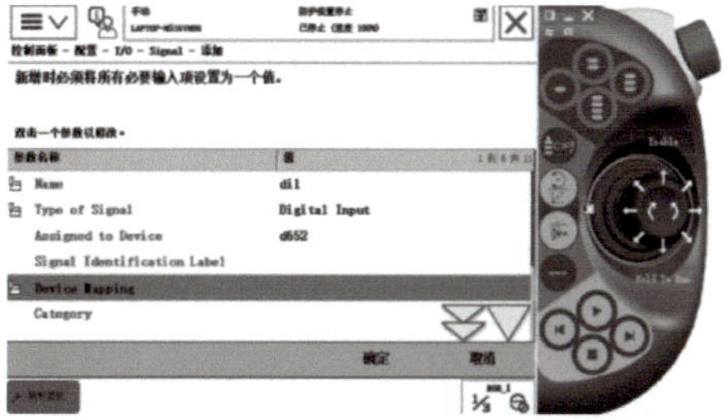

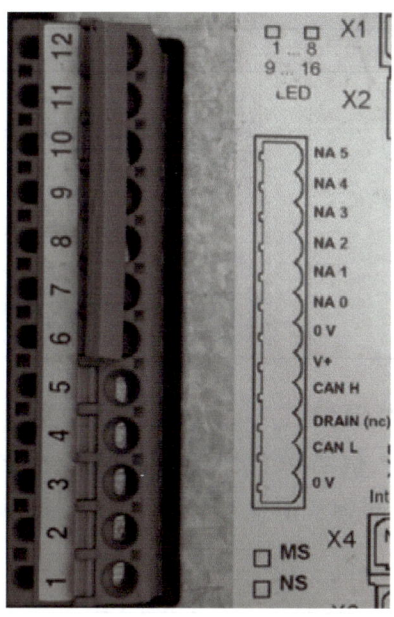

图 7-4 DeviceNet 接口分布

各个接口的具体功能见表 7-7。

表 7-7 DeviceNet 接口表

编号	名称	具体功能
7~12	NA0~5	节点地址设定
6	0V	逻辑地
5	24V+	电源正极 24V
4	CAN-H	CAN 线—高电压
3	DRAIN	屏蔽线
2	CAN-L	CAN 线—低电压
1	0V	电源负极 0V

I/O 信号板的 DeviceNet 接口通过两条 CAN 线与控制柜连接，逻辑地端口与节点地址设定端口通过安装短接片，来进行该 I/O 信号板的地址设置。

（续）

操作步骤	示教器界面
9）在弹出对话框中单击"是"，重启控制器以完成设置	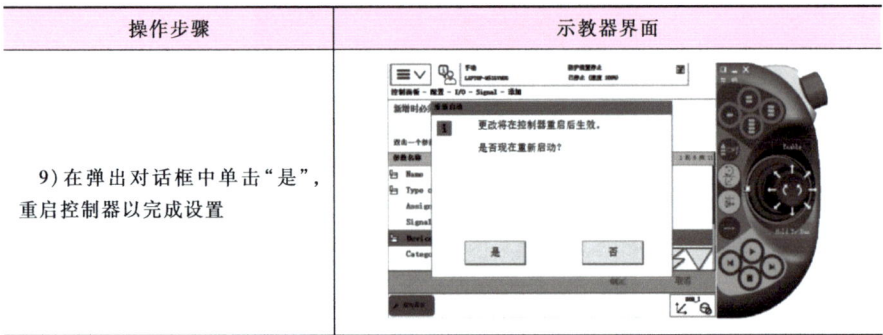

步骤三：定义其他信号

仿照定义数字输入信号 DI 的步骤，分别定义数字输出信号 DO1（表7-8）、组输入信号 GI1（表7-9）、组输出信号 GO1（表7-10）。

数字输出信号的配置

表7-8　数字输出信号的相关参数

参数名称	设定值	说明
Name	DO1	设定数字输出信号名字
Type of Signal	Digital Output	设定信号的种类
Assigned to Device	D652	设定信号所在的I/O模块
Device Mapping	32	设置I/O信号板在总线中的地址

表7-9　组输入信号的相关参数

参数名称	设定值	说明
Name	GI1	设定组输入信号名字
Type of Signal	Group Input	设定信号的种类
Assigned to Device	D652	设定信号所在的I/O模块
Device Mapping	0~4	设置I/O信号板在总线中的地址

表7-10　组输出信号的相关参数

参数名称	设定值	说明
Name	GO1	设定组输出信号名字
Type of Signal	Group Output	设定信号的种类
Assigned to Device	D652	设定信号所在的I/O信号板
Device Mapping	0~4	设置I/O信号板在总线中的地址

地址位是以二进制的方式来表示的，设定端口与逻辑地相接为0，否则为1。如图7-5a所示，所有端口与逻辑地相接，故该I/O信号板地址为0，示教器上的地址信息同样也要填为0；把短接片的9号位与12号位剪去，故两端口信号状态为1，I/O信号板地址为4+32=36，如图7-5b所示。在示教器上配置完地址后，单击"确定"按钮，重启完成I/O信号板的配置。设置成功后，在设置界面可以看到新设置的DSQC652通信板卡。

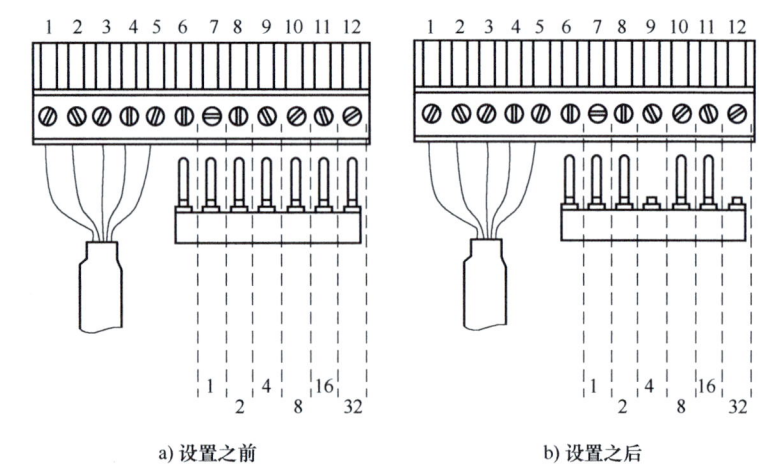

a) 设置之前　　　　b) 设置之后

图7-5　DeviceNet接口短接片示意图

任务一测评

1. 知识测评

确定本任务关键词，按重要程度进行关键词排序并举例解读。

根据自己对重要信息的捕捉、排序、表达、创新和划分权重的能力进行自评，满分100分，见表7-11。

表7-11 DSQC652通信板卡设置知识测评表

序号	关键词	举例解读	评分自定
1			
2			
3			
4			
5			
		总分	

2. 能力测评

完成表7-12所列作业内容评分，操作规范可得分，操作错误或未操作得零分。

表7-12 DSQC652通信板卡设置能力测评表

序号	能力点	配分	得分
1	DSQC652通信板卡的结构认知	20	
2	DSQC652通信板卡地址硬件和软件设置	40	
3	DSQC652通信板卡的I/O设置	40	
	总分	100	

3. 素养测评

完成表7-13所列素养点评分，做到即得分，未做到即零分。

表7-13 DSQC652通信板卡设置素养测评表

序号	素养点	配分	得分
1	学习纪律	20	
2	操作过程规范	20	
3	严谨认真、一丝不苟精神	20	
4	互相帮助、团队精神	20	
5	学习环境符合"8S"管理要求	20	
	总分	100	

4. 拓展训练

分别写出定义数字输出信号DO1、组输入信号GI1、组输出信号GO1的步骤。

任务二 码垛运行计时程序编写

码垛运行计时程序

步骤一：布置任务

在示教器上编写相对应的程序，以实现码垛计时的任务要求。具体要求如下：

1) 按下"开始码垛"按钮，码垛开始。
2) 工业机器人开始运动便开始计时，码垛任务完成时结束计时。
3) 码垛过程中有特殊情况，按下急停按钮，整个系统立刻停止。

步骤二：编写码垛计时开始、停止程序

码垛计时程序的具体编写步骤见表7-14。

表7-14 编写码垛计时程序的步骤

操作步骤	示教器界面
1) 新建码垛开始计时程序，设置名称为"mdks"	
2) 在添加指令的I/O下选择"SetGO"指令，选择新建的组输出"aaa"	

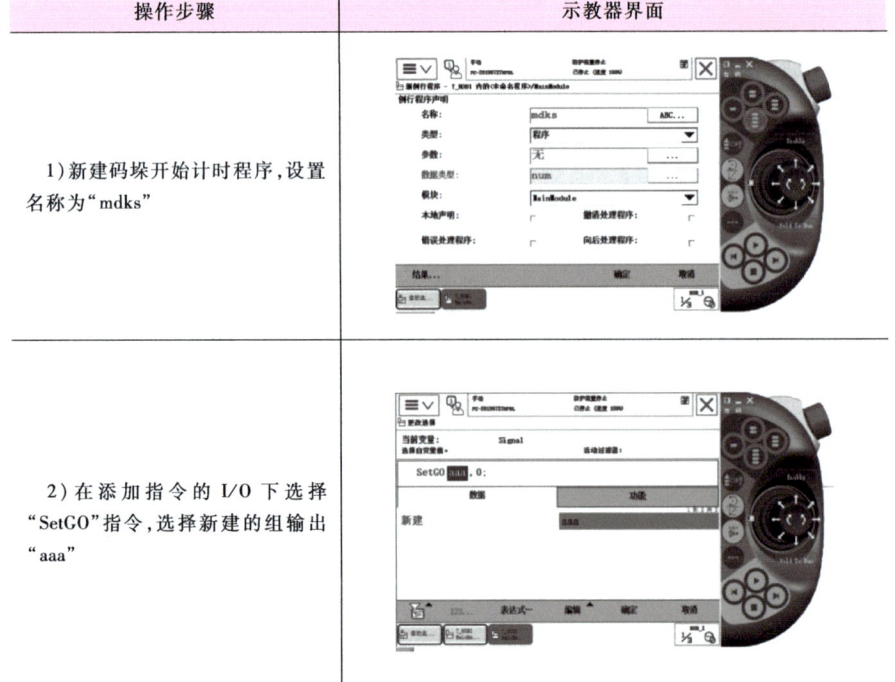

相关知识

一、工业机器人与PLC通信概述

在现代生产系统中，工业机器人与PLC需要通信协作完成生产任务，即工业机器人输出信号给PLC，让PLC控制相关设备驱动工业机器人工作。ABB工业机器人基于DeviceNet网络建立与西门子PLC通信的网络。

西门子公司的S7-1200 PLC需要在西门子TIA博途软件中进行组态编程，程序完成后便可以对工业机器人与PLC进行通信设置。首先在TIA博途软件中选择设备与网络，随后添加新设备，选择控制器型号。在添加了设备以后需要对PLC网络进行设置，计算机与PLC必须在一个网段里面设置相应的IP地址，便于下载和上传PLC程序。设置完成后，单击软件左栏的项目树选择程序块，然后进行程序编写。整个程序编写完成后，可以通过ABB工业机器人示教器中输入/输出菜单调用程序查看工业机器人是否接收到PLC发出的信号，也可以通过TIA博途软件在线查看PLC是否接收到工业机器人发出的信号。如果测试通信正常，便可以进行进一步的PLC编程。

二、工业机器人与PLC通信

工业机器人与PLC通信是通过DSQC652通信板卡和PLC接线实现两者之间的通信，因为DSQC652和PLC的接线有限，所以它们之间的通信范围也受一定限制。DSQC652通信板卡和PLC接线参见图7-3。

工业机器人开始动作时，控制面板开始计时。其实就是当工业机器人开始动作时，它会发送一个信号给PLC，通知PLC开始计时，当其停止运动时发送一个信号给PLC，PLC停止计时。而用控制面板设定的数据也是同样的道理，需要PLC把数据发送给工业机器人。根据DSQC652通信板卡和PLC的接线，可以在工业机器人上设置一个组输入（xxx，0~5）、一个组输出（aaa，0~2）、一个快换（handChange_start，7）、一个夹具开关（grip，4），以及码垛启动（start，6）、停止（stop，7），来实现传输数据、控制、夹具开关等。

(续)

操作步骤	示教器界面
3）输出一个"1"给PLC，让这个"1"代表码垛计时开始	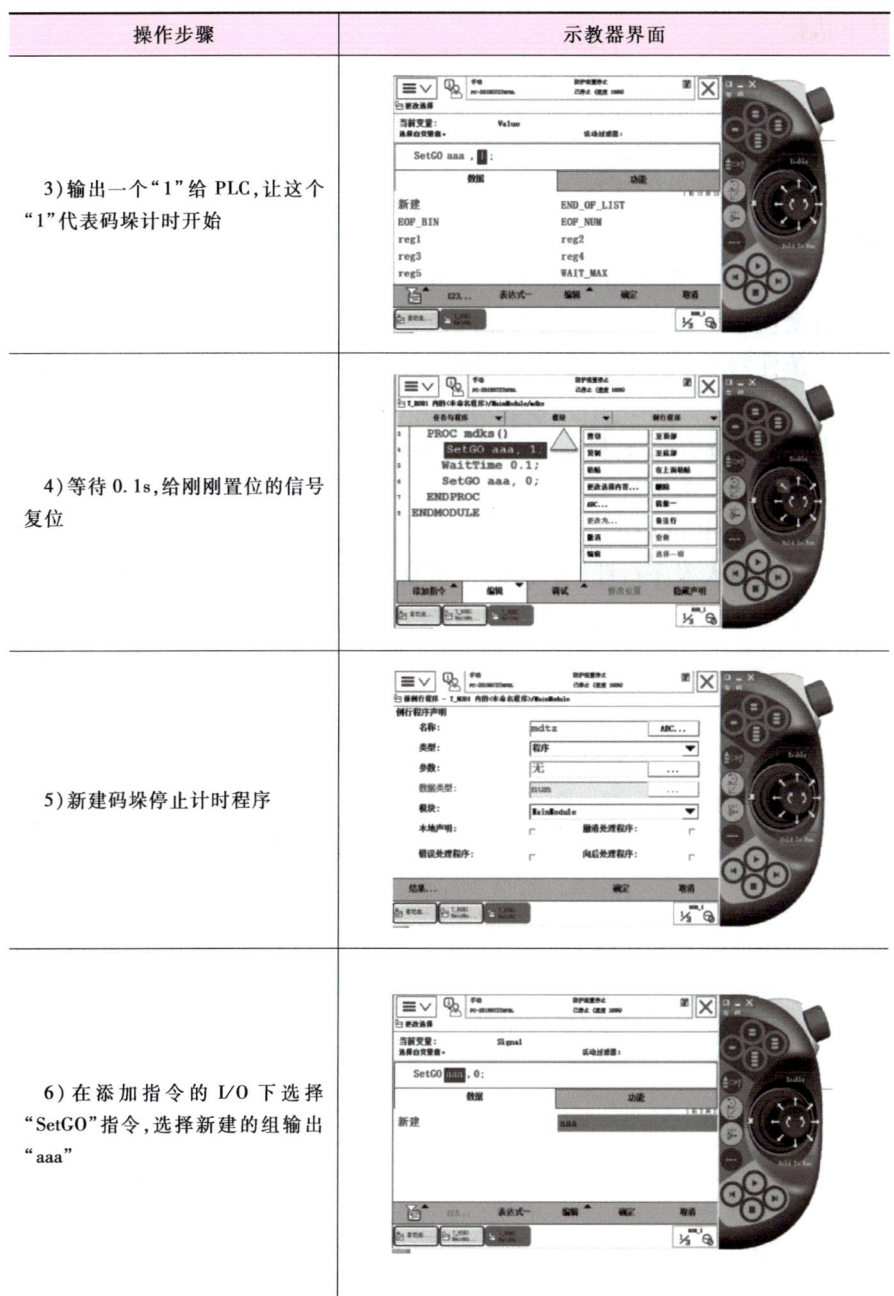
4）等待0.1s，给刚刚置位的信号复位	
5）新建码垛停止计时程序	
6）在添加指令的I/O下选择"SetGO"指令，选择新建的组输出"aaa"	

当然PLC与工业机器人也可以用网线进行通信，这样数据传输的范围更大更快，但是也存在设置复杂等问题。

建立系统输入信号与I/O的连接，可实现对工业机器人系统的控制，比如电动机开起、程序启动等；也可实现对外围设备的控制，比如主轴电动机的转动、夹具的开启等。

任务中的码垛启动可以选择与系统输入信号的I/O相连接，实现程序启动。而程序停止可以选择与I/O连接实现，也可以选择用中断程序实现。

三、ABB工业机器人指令

1. 输入信号指令"SetGO"

输入信号指令"SetGO"的作用是设置工业机器人相应组输出信号的值，该值采用"8421"码实现。可以设置延时输出，延时范围为0.1~32s，默认状态为没有延时。

语句格式：SetGO[\Sdelay]signal,Value。

其中，[\Sdelay]为延迟输出时间，单位为秒；

signal是输出信号名称；

Value是输出信号的具体数值。

例如 SetGO\Sdelay:=0.1,Go_Xing,8。

该语句的意思是输出信号 Go_Xing 延时 0.1s 后，输出数值8。

2. 程序等待指令

在工业机器人抓取物料的时候，工业机器人抓取之后，需要等其机械装置稳定后，工业机器人才能运动，这就需要进行程序的等待。

（1）WaitTime 指令格式：WaitTime[\InPos,]Time。

当前指令只用于工业机器人等待相应时间后，才执行以后的指令，使用参变量[\InPos]，工业机器人及其外轴必须在完全停止的情况下才进行等待时间计时，此指令会延长循环时间。"WaitTime"指令执行等待的最短时间（以秒计）为0s，最长时间不受限制，分辨率为0.001s。

其中[\InPos]是程序运行提前量开关；Time是相应等待时间，单位为s。

例如：WaitTime 0.5。

(续)

操作步骤	示教器界面
7）输出一个"2"给PLC，让这个"2"代表码垛计时停止	
8）等待0.1s，给刚刚置位的信号复位清零	

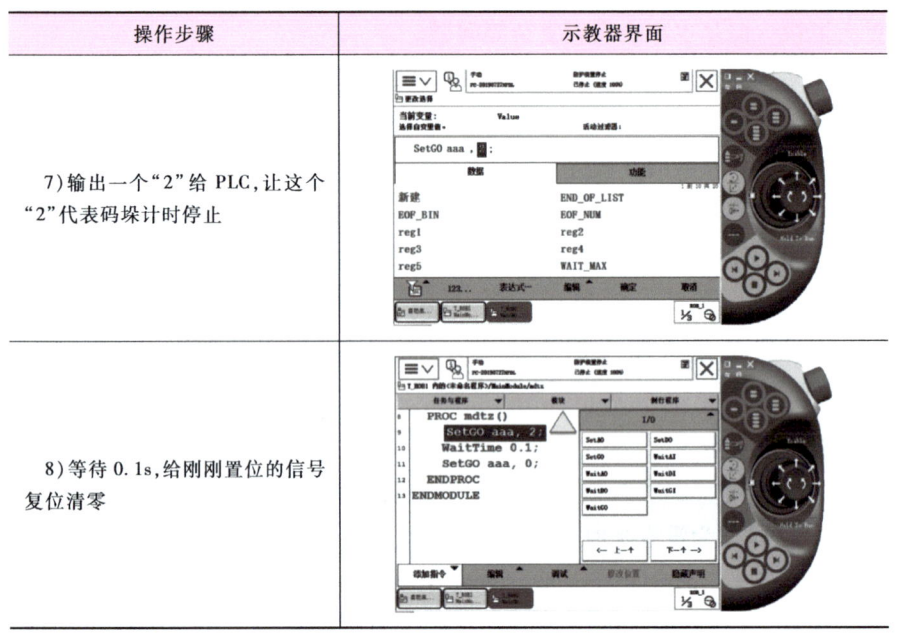

步骤三：系统输入/输出与I/O信号关联操作

建立系统输入/输出信号与I/O的连接，可实现对工业机器人系统的控制，比如程序启动、程序停止等，也可实现对外围设备的控制，例如夹具的开启等。启动输入信号设置的步骤见表7-15。

表7-15 启动输入信号设置的步骤

操作步骤	示教器界面
1）进入示教器主菜单界面，单击"控制面板"选项	

当工业机器人程序指针执行到此条指令时，必须等待0.5s以后才继续往下执行。

例如：WaitTime InPos，0.5。

该程序在WaitTime指令后面加入了Inpos参数，那么工业机器人到位且完全停止后才开始计时，时间到达0.5s以后才继续往下执行。

(2) WaitUntil 指令格式：WaitUntil [\InPos,] Cond [\MaxTime][\TimeFlag]。

"WaitUntil"指令用于等待满足相应判断条件后，才执行以后指令，使用参变量[\InPos]，工业机器人及其外轴必须在完全停止的情况下，才进行条件判断，此指令比"WaitDI"指令的功能更强大，可以替代其所有功能。

其中[\InPos]是提前量开关；Cond是判断条件；[\MaxTime]是最长等待时间，单位为s；[\TimeFlag]是超时逻辑量。

例如：WaitUntil Di2 = 1。

工业机器人程序指针执行到此条指令，需要等待开关信号Di2为1的时候，才往下执行。等同于WaitDI Di2, 1 指令。

(续)

操作步骤	示教器界面
2)单击"配置"选项,对系统参数进行设置	
3)双击"System Input"选项	
4)进入图中所示界面后,单击"添加"按钮	
5)单击"Signal Name",选择输入信号"Start"	

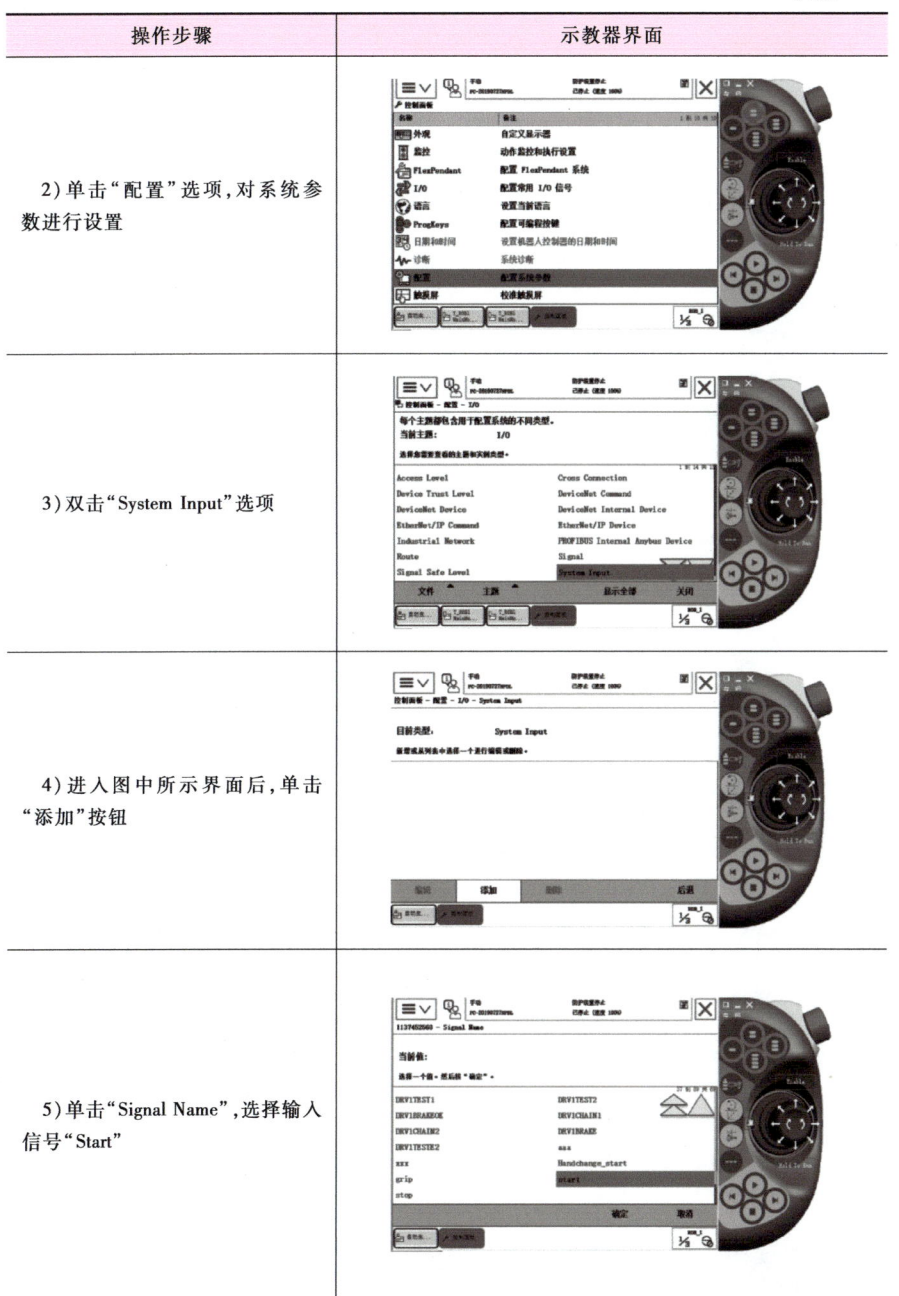

（续）

操作步骤	示教器界面
6）双击"Action"	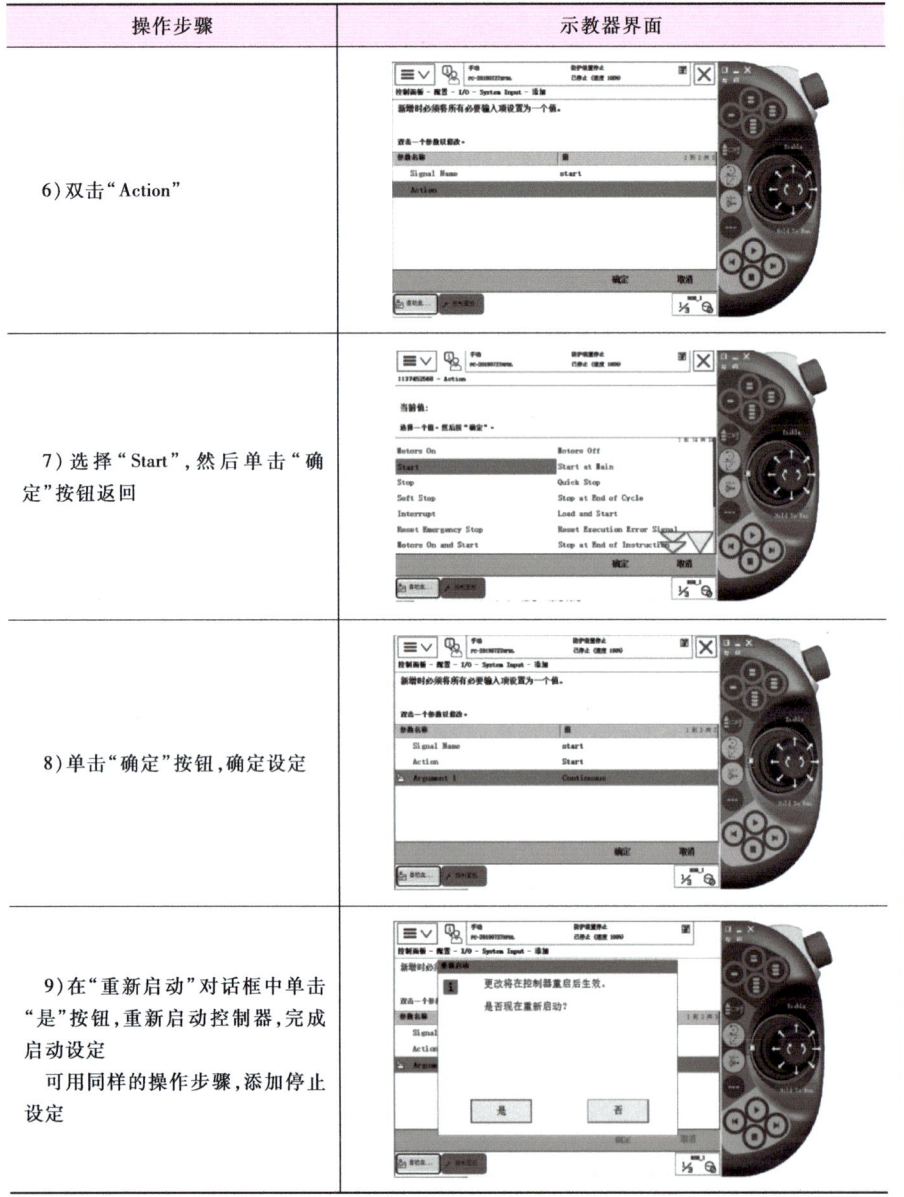
7）选择"Start"，然后单击"确定"按钮返回	
8）单击"确定"按钮，确定设定	
9）在"重新启动"对话框中单击"是"按钮，重新启动控制器，完成启动设定 可用同样的操作步骤，添加停止设定	

任务二测评

1. 知识测评

确定本任务关键词,按重要程度进行关键词排序并举例解读。

根据自己对重要信息的捕捉、排序、表达、创新和划分权重的能力进行自评,满分 100 分,见表 7-16。

表 7-16 编写码垛运行计时程序知识测评表

序号	关键词	举例解读	评分自定
1			
2			
3			
4			
5			
		总分	

2. 能力测评

完成表 7-17 所列作业内容评分,操作规范可得分,操作错误或未操作得零分。

表 7-17 编写码垛运行计时程序能力测评表

序号	能力点	配分	得分
1	创建开始和停止程序	30	
2	输入/输出与 I/O 信号关联操作	40	
3	等待指令的运用	30	
	总分	100	

3. 素养测评

完成表 7-18 所列素养点评分,做到可得分,未做到得零分。

表 7-18 编写码垛运行计时程序素养测评表

序号	素养点	配分	得分
1	学习纪律	20	
2	操作过程规范	20	
3	严谨认真、一丝不苟精神	20	
4	互相帮助、团队精神	20	
5	学习环境符合"8S"管理要求	20	
	总分	100	

4. 拓展训练

请写出本任务中添加停止设定的具体操作步骤。

任务三　工业机器人码垛程序编写

工业机器人绘制圆形

步骤一：布置任务

工业机器人从 HOME 点出发，从码垛平台 A 的末端夹取码垛块，然后再根据要求放到码垛平台 B 上。码垛块的点位为 A，放码垛块点位为 B，如图 7-1 所示。

步骤二：点对点码垛程序编制

创建例行程序如下所示：
MoveAbsj home\noeoffs,v1000,z20,tool0;
　　//回 home 点,确保工业机器人在安全区域
MoveJ offs(a,0,0,100),v1000,z50,tool1;
　　//到达码垛块上方
MoveL a,v100,fine,tool1;
　　//降低速度,精确接触码垛块（降速防止过快损坏物料）
Set grip;
　　//夹取码垛块
Waittime 0.2;
　　//等待 0.2s（给机器抓牢时间）
MoveJ offs(a,0,0,100),v1000,z50,tool1;
　　//把码垛块抬起
MoveL gd,v100,fine,tool1;
　　//到达过渡点（防止出现碰撞）
MoveJ offs(b,0,0,100),v1000,z50,tool1;
　　//到达放物料块上方
MoveL b,v100,fine,tool1;
　　//精确到达放物料块点位
Reset grip;
　　//松开夹具

相关知识

一、带参数例行程序的调用

在 RAPID 语言中，程序分为 3 类：无返回值程序（PROC）、有返回值程序（FUNCTION 程序）和软中断程序（TRAP 程序）。

在之前的学习中，用到的例行程序多为不带参数的且没有返回值的例行程序，此类例行程序可直接被调用，例如下面的参考程序。

PROC SY()
　　Waittime 0.1;
　　SetGO aaa,0;
　　Waittime 0.1;
　　SetGO aaa,4;
　　Waittime 0.1;
　　Waitgi xx,10;
　　Waittime 0.1;
　　SetGO aaa,0;
ENDPROC
PROC main()
　　SY;
ENDPROC

FUNCTION 功能的使用

如果一个例行程序能传递或者引用某种参数，那么这个程序就是带参数的例行程序。

格式为：程序名（参数类型　参数名）。

如 md（num a），其中 a 为某种参数，可以是数字量 num、位置数据量 pos、点位数据量 robtarget、TCP 数据量 tooldata 等，当然也可以是常量、变量或可变量。如下面的参考程序为带参数的例行程序。

PROC DCSY(num q1,num q2)
　　Movel offs(kzd{q2},0,0,200),v500,fine,tool();
　　Movel kzd{q2},v200,fine,tool();

Waittime 0.2;
　　//给夹具充分放开时间
MoveJ offs(b,0,0,100),v1000,z50,tool1
　　//抬起到物料块上方
此过程是一个简单的物料码垛编程。

步骤三：码垛复杂程序的编写

码垛物料任务比较复杂，如果采用上面这种编程方式，需要编写很多相类似的程序，所以要采用带参数的例行程序。

根据上面程序分析，每次只需要改变程序取放的两个点位，所以编写的是位置的带参数的程序，例如：

```
PROC md(robtarget a,robtarget b)
    moveabsj home\noeoffs,v1000,z20,tool0;
    MoveJ offs(a,0,0,100),v1000,z50,tool1;
    MoveL a,v100,fine,tool1;
    Set grip;
    Waittime 0.2;
    Movel offs(a,0,0,100),v1000,z50,tool1;
    MoveL gd,v100,fine,tool1;
    MoveJ offs(b,0,0,100),v1000,z50,tool1;
    MoveL b,v100,fine,tool1;
    Reset grip;
    Waittime 0.2;
    Movel offs(b,0,0,100),v1000,z50,tool1;
EndPROC
```

步骤四：码垛主程序的编写

系统对物料进行码垛，在码垛过程中有特殊情况，按下急停按钮，整个系统立刻停止；按下"开始码垛"按钮，开始码垛。

```
PROC main()
    Cs;           //传输记录设定数据(子程序)
    Mdks;         //码垛开始计时(子程序)
    moveabsj home\noeoffs,v1000,z20,tool0; //回工作原点
```

Waittime 0.2;
Setdo handchange_start,q1;
Waittime 0.2;
Movel offs(kzd{q2},0,0,200),v200,fine,tool0;
ENDPROC
PROC main()
　　DCSY 1,2;
ENDPROC

要注意的是调用带参数的例行程序时，必须提供相应实参。
例如：md a。

二、Offs 函数的使用

为了精确确定目标点，可以采用函数 offs，用于在一个机械臂位置的工件坐标系中添加一个偏移量。

具体格式：Offs（P1，x，y，z）

其执行的含义是以目标点 P1 为基准，沿着选定工件坐标系的 X、Y、Z 轴方向偏移一定的距离。

其中 x 是 P1 点 X 轴偏差量，y 是 Y 轴偏差量，z 是 Z 轴偏差量。

例如，将机械臂位置沿 Z 方向移至距点 P11 为 20mm 的点处的程序为：MoveL　offs（P11,0,0,20),v500,z50,tool1

三、IF 判断语句

通过判断相应条件，控制需要执行的指令，是工业机器人编程中的基本语句指令。

语法格式 1：
IF<EXP>THEN<SMT>

语法格式 2：
IF <EXP>THEN
　　<SMT>
ENDIF

语法格式 3：
IF <EXP>THEN
　　<SMT>

条件逻辑
判断指令

MoveJ offs(kz,0,0,100),v1000,z50,tool1;
MoveL kz,v100,fine,tool1;
Set handchange;   //取夹具
Waittime 0.2;
Movel offs(kz,0,0,100),v1000,z50,tool1;
moveabsj home\noeoffs,v1000,z20,tool0

普通垛和三花垛一层都有 3 个点位,普通垛点位数组为 pt{3},三花垛点位数组为 sh{3},当 sz{1} 等于 1 时代表三花垛,等于 2 时代表普通垛,所以:

```
If sz{1}=1 then             //当控制面板选择三花垛时
    for s from 1 to 3 do
        p10:=sh{s};         //中间变量等于三花垛的第几个
        md p10;             //码垛第几个三花垛
    endfor
Elseif sz{1}=2 then         //当控制面板选择普通垛时
    for s from 1 to 3 do
        p10:=pt{s};         //中间变量等于普通垛的第几个
        md p10;             //码垛普通垛
    endfor
Endif
```

sz{2}=2 时代表码垛两层(码垛块高度为 25mm),那么编写程序如下:

```
If sz{1}=1 then
    For s from 1 to 3 do
        P10:=offs(sh{s},0,0,26);
        Md p10;
    Endfor
Elseif sz{1}=2 then
    For s from 1 to 3 do
        P10:=offs(pt{s},0,0,26);
        Md p10;
    Endfor
```
Endfor

```
ELSE
    <SMT>
ENDIF
```

语法格式 4:
```
IF<EXP>THEN
    <SMT>
ELSEIF<EXP>THEN
    <SMT>
ELSEIF<EXP>THEN
    <SMT>
ELSE
    <SMT>
ENDIF
```

其中<EXP>是判断条件,<SMT>是语句体。
```
IF reg>5 THEN
    Set do2;
    ReSet do6;
ENDIF
```
该语句是当"reg"的值大于 5 时,执行置位 do2 和复位 do6。
```
IF reg<=5 THEN
    Set do2;
ELSE
    Reset do2;
ENDIF
```
该语句是当 reg 的值小于或等于 5 时,执行置位 do2,否则就复位 do2。
```
IF reg=1 THEN
    FH1;
ELSEIF reg=2 THEN
    FH2;
ELSE
    FH3;
ENDIF
```

Endif
For a from 1 to sz{2} do
　If sz{1}=1 then
　　For s from 1 to 3 do
　　　Reg1:=sz{2}-1;
　　　P10:=offs(sh{s},0,0,reg1*26);
　　　Md p10;
　　Endfor
　Elseif sz{1}=2 then
　　For s from 1 to 3 do
　　　Reg1:=sz{2}-1;
　　　P10:=offs(pt{s},0,0,reg1*26);
　　　Md p10;
　　Endfor
　Endif
Endfor

该语句是当"reg"的值为"1"时，调用 FH1，当"reg"值为"2"时调用 FH2，否则就调用 FH3。

四、FOR 循环语句

FOR 指令通过循环判断标识从初始值逐渐更改至最终值，从而控制程序相应循环次数，如果不使用参变量［STEP］，循环标识每次更改值为"1"，如果使用参变量［STEP］，循环标识每次更改值为参变量相应设置。通常情况下，初始值、最终值与更改值为整数，循环判断标识一般习惯使用 i、j、k 等小写字母，是标准的工业机器人循环指令，常在数组数据赋值等数据处理时使用。

FOR<Loop counter>FROM< Start value>TO< End value> ［STEP <Step value>］DO
　<SMT>
ENDFOR

其中，<Loop counter>是循环计数标识；<Start value>是标识初始值；<End value>是标识最终值；<Step value>是计数更改值，也称循环步长；<SMT>是语句，也是循环体。

使用该语句时应注意：循环标识只能自动更改，不允许赋值。在程序循环内，循环标识可以作为数字数据使用，但只能读取相应值，不允许赋值。如果循环标识、初始值、最终值与更改值使用小数形式，必须为精确值。

例如：
FOR i FROM 1 TO 10 DO
　FH1;
ENDFOR

该语句就是调用 10 次 FH1 程序。

FOR i FROM 10 TO 2 STEP -1 DO
　a{i}:=a{i-1};
ENDFOR

该语句就是数组 a {i} 从 10 到 2 不断地把后一个变量给前一个变量赋值。

任务三测评

1. 知识测评

确定本任务关键词，按重要程度进行关键词排序并举例解读。

根据自己对重要信息的捕捉、排序、表达、创新和划分权重的能力进行自评，满分100分，见表7-19。

表7-19　工业机器人码垛程序编写知识测评表

序号	关键词	举例解读	评分自定
1			
2			
3			
4			
5			
总分			

2. 能力测评

完成表7-20所列作业内容评分，操作规范可得分，操作错误或未操作得零分。

表7-20　工业机器人码垛程序编写能力测评表

序号	能力点	配分	得分
1	编写点对点码垛程序	20	
2	编写带参数的例行程序	20	
3	编写码垛主程序	30	
4	编写三花垛程序	30	
总分		100	

3. 素养测评

完成表7-21所列素养点评分，做到可得分，未做到得零分。

表7-21　工业机器人码垛程序编写素养测评表

序号	素养点	配分	得分
1	学习纪律	20	
2	操作过程规范	20	
3	严谨认真、一丝不苟精神	20	
4	互相帮助、团队精神	20	
5	学习环境符合"8S"管理要求	20	
总分		100	

4. 拓展训练

编写二层码垛程序，并完成调试。

拓展阅读——码垛机器人

码垛机器人是指通过几个关键承重杆和关节机构的串联来模拟人体手臂的形态，利用工装夹具来完成码垛工作的机械臂。从具体夹具的活动范围来看，码垛机器人又分为 SCARA 式、立体式机械臂和并联杆式码垛机器人。

1. SCARA 式码垛机器人

SCARA 式码垛机器人在相应关节处通过旋转运动关节代替了线性运动关节，如图 7-6 所示。与之对应的，SCARA 式码垛机器人的夹具从起始位置移动到目标位置的运动也不再是 3 个方向线性运动的叠加，而是几个旋转关节的扇形运动和最后执行机构垂直方向线性运动的叠加，所以又称为柱形机器人。

从同一起始点到同一目标点所需的时间，SCARA 式码垛机器人比线性运动码垛机器人需要的时间更少，所以 SCARA 式码垛机器人经常被用于执行快速抓取码垛任务，常用于食品、制药工程和电子工程等。

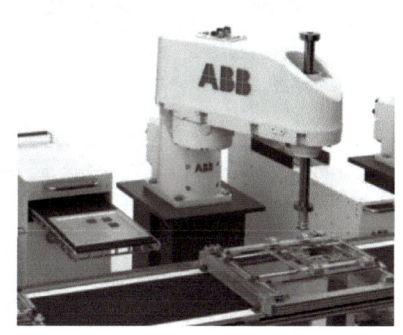

图 7-6　SCARA 式码垛机器人

2. 立体式机械臂码垛机器人

立体式机械臂码垛机器人的构造灵活，常用于如涂胶、点焊、弧焊、喷涂、搬运等任务，而码垛也是其能够胜任的一项重要任务，如图 7-7 所示。立体式机械臂码垛机器人拥有极高的动作灵活性，其构造很大程度上拟合了人体手臂的构造能力，由于引入较多的转动轴，所以立体式机械臂码垛机器人相对于其他几类机器人有很高的活动自由度。在满足目标点在机械臂工作空间的前提条件下，其夹具理论上可以通过调控关节转动量到达空间中的任何一点。立体式机械臂码垛机器人由于运动非线性和复杂性，所需控制系统也更加复杂，在完成从相同起始点到相同目标点的转移时，将使用更多的时间。

图 7-7　立体式机械臂码垛机器人

3. 并联杆式码垛机器人

并联杆式码垛机器人在结构上拥有一个显著区别于其他码垛机器人的特点，即夹具通过几个并联的承重杆与关节连接，每一个承重杆都由一个独立电动机驱动，通过各电动机之间协作控制夹具运动，如图 7-8 所示。由于并联杆式机器人具有运动准确度高、运动迅速、可承载负荷小的特点，经常用于食品生产行业夹取质量轻的物体。

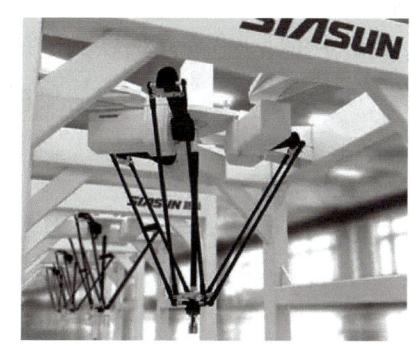

图 7-8　并联杆式码垛机器人

项目八　工业机器人搬运工作

一、项目描述

以多种形状铝材物料搬运为例，利用 IRB 120 搭载真空吸盘，配合搬运工装套件，可以实现对拾取物料块进行各种需求组合的搬运过程。

二、项目要求

1）掌握工业机器人搬运工作站的构成。
2）掌握工业机器人搬运工作站夹具设计。
3）掌握工业机器人搬运工作站的编程方法。

三、项目目标

1）能按照工业机器人国家职业标准规定，正确地进行工业机器人搬运工作站硬件的安装。

2）能够实现工业机器人搬运工作站 I/O 配置和程序数据创建。

3）能够正确对工业机器人搬运系统进行程序编写及调试。

4）培养学生自觉遵守工业机器人国家职业标准和要求的规定，规范操作过程，保持实训环境符合 "8S" 管理要求，帮助学生养成精益求精的职业习惯。

5）学生能够具备正确思维和创新意识。

四、项目学习载体

本项目是在 YL-399 工业机器人搬运实训系统下完成的，如图 8-1 所示。

图 8-1　YL-399 工业机器人搬运实训系统

任务一 工业机器人搬运工作准备

准备搬运

步骤一：搬运硬件认知

1. 搬运盘

搬运硬件分为物料盛放板、长方形物料、正方形物料和搬运盘，如图 8-2 所示。工业机器人用吸盘将长方形物料和正方形物料从物料盛放板整齐地放置到搬运盘中。

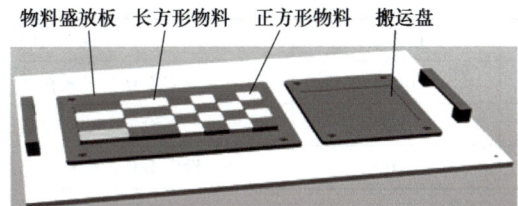

图 8-2 搬运硬件的结构

2. 安装搬运盘

用螺钉把搬运盘安装至工业机器人运行平台上，具体方向见图 8-2。

步骤二：安装吸盘式夹具

首先把夹具与工业机器人的连接法兰安装至工业机器人六轴法兰盘上，然后把吸盘夹具安装至连接法兰上，如图 8-3 所示。

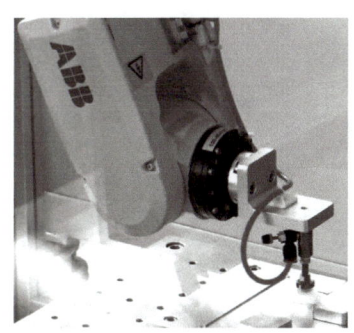

图 8-3 夹具安装完成图

相关知识

一、搬运工作站定义

搬运是指改变物料的空间位置的活动，在同一地域范围内（如工厂、仓库等）改变物料的存放、支撑状态的活动称为装卸，在特定场合"搬运"也包含了"装卸搬运"的完整含义。一般地，在生产领域常将这一整体活动称作"物料搬运"。

机器人的分类方法有多种，按其应用可分为：工业机器人、军用机器人、农业机器人、服务机器人、水下机器人、空间机器人和娱乐机器人。搬运机器人是工业机器人的一个重要分支，给搬运机器人安装不同类型的末端执行器，可以完成不同形态和状态的工件搬运工作，整个搬运系统则构成了工业机器人搬运工作站。

工业机器人搬运工作站是可以进行自动化搬运作业的工业机器人系统。最早的工业机器人搬运工作站是 1960 年美国使用 Versatran 和 Unimate 两款机器人联合用于搬运作业。工业机器人搬运工作站的特点是可通过编程来完成各种预期的作业任务，在构造和性能上兼有人和机器各自的优点，尤其体现了智能性和适应性。

二、搬运夹具选用原则

搬运机器人的动作可分解为抓取工具、移动工件、放置工件等，具体说就是操作工业机器人吸盘移动到物料上方，抓取物料，然后运行到目标位置的上方，放下物料。

真空是指气体压强低于大气压强的一种状态，而不是完全没有空气的"真空"。处于真空状态下的气体比处于大气压下的气体稀薄，真空吸附是利用真空系统与大气压力差形成的力实现物料抓取，对具有光滑表面的物体，特别是不适合夹紧的物体，例如塑料薄膜、易碎玻璃制品等，可以使用真空吸附来完成各种任务。

真空系统一般由真空发生器、吸盘、真空阀及辅助元件组成。真空发生器是利用正压气源产生负压的一种新型、高效、清洁、经济、小型的真空元器件。

步骤三：夹具气路和电路安装

第一步：把吸盘夹具弹簧气管与工业机器人四轴集成气路接口连接。

第二步：把真空发生器、工业机器人一轴集成气路接口、电磁阀之间用合适的气管连接好，并用扎带固定。

第三步：把电磁阀的电路与集成信号接线端子盒正确连接。

步骤四：建立坐标系

1. 设定吸盘工具坐标系

相对于 tool0 来说，沿着其 Z 轴正方向偏移 83mm，再沿着 X 轴正方向偏移 83mm，工具质量 mass = 1kg，新建吸盘工具坐标系的方向沿用 tool0 方向。

2. 创建工件坐标系

根据 3 点法，依次移动工业机器人至 $X1$、$X2$、$Y1$ 点并记录，可自动生成工件坐标系 WobJ1，如图 8-4 所示。

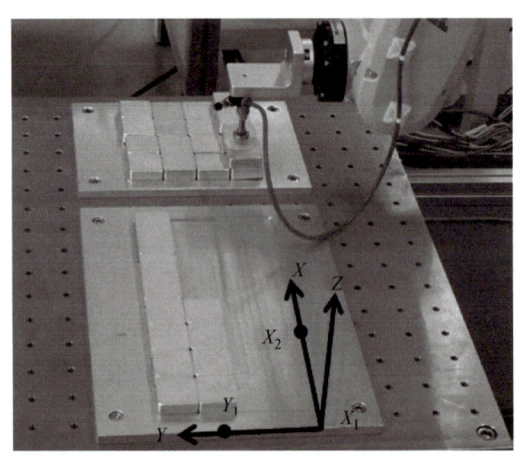

图 8-4 工件坐标系示意图

吸盘是真空设备执行器件之一，通常由橡胶材料与金属骨架压制而成，具有较大的拉扯力。

真空阀是指工作压力低于标准大气压的阀门，其在真空系统中用来改变气流方向，调节气流量大小，切断或接通管路的真空系统元件。

三、配置 I/O 参数

在示教器界面单击"主菜单"→"控制面板"→"配置"，进入"I/O 配置"，配置 I/O 信号。采用 ABB 标准 DSQC652 配置 I/O 信号板，在"DeviceNet Device"中设置此 I/O 单元的相关参数，并在"Signal"中配置具体的 I/O 信号参数。具体信号设置情况见表 8-1 和表 8-2。

表 8-1 DSQC652 通信设置表

参数名称	设定值	说明
Name	D652	设定 I/O 信号板在系统中的名字
Device Type	652	设定 I/O 信号板的类型
Address	10	设定 I/O 信号板在总线中的地址

表 8-2 DSQC652 I/O 配置表

名称	信号类型	分派到单元	单元映像	I/O 信号注解
Di_QD	数字信号输入	D652	0	启动搬运操作信号
Do_XP	数字信号输出	D652	0	吸盘动作信号

任务一测评

1. 知识测评

确定本任务关键词,按重要程度进行关键词排序并举例解读。

根据自己对重要信息的捕捉、排序、表达、创新和划分权重的能力进行自评,满分100分,见表8-3。

表8-3　工业机器人搬运工作准备知识测评表

序号	关键词	举例解读	评分自定
1			
2			
3			
4			
5			
		总分	

2. 能力测评

完成表8-4所列作业内容评分,操作规范可得分,操作错误或未操作得零分。

表8-4　工业机器人搬运工作准备能力测评表

序号	能力点	配分	得分
1	识读任务图	10	
2	选择夹具	10	
3	安装夹具	20	
4	安装电路和气路	20	
5	建立坐标系	40	
	总分	100	

3. 素养测评

完成表8-5所列素养点评分,做到可得分,未做到得零分。

表8-5　工业机器人搬运工作准备素养测评表

序号	素养点	配分	得分
1	学习纪律	20	
2	工具使用、摆放	20	
3	严谨认真、一丝不苟精神	20	
4	互相帮助、团队精神	20	
5	学习环境符合"8S"管理要求	20	
	总分	100	

4. 拓展训练

请列举出在安装夹具、电路和气路过程中出现的问题,分析产生问题的原因并制定解决问题的措施。

任务二　工业机器人搬运程序编写

编制搬运程序

步骤一：编制程序思路

搬运工作站程序由主程序（MAIN）、初始化程序（CSH）、抓取程序（ZQ）、放置程序（FZ）、位置处理子程序（WZ）和搬运计数值处理子程序（JS）组成。其中，拾取工件子程序和放置工件子程序在拾取和放置时调用位置处理子程序的拾取和放置位置结果，放置工件子程序还调用搬运计数值处理子程序，实现工件搬运计数和判断搬运是否完成。位置示教子程序用于拾取基准点和放置基准点的示教，不被任何程序调用。程序中，还建立了ZQ_X、ZQ_Y、FZ_X、FZ_Y这4个用于工件拾取、放置位置偏移量的变量。

步骤二：编制主程序

搬运工作站程序的主程序（MAIN）见表8-6。

表8-6　主程序

程序内容	说　明
PROC MAIN( )	主程序
CSH；	调用初始化程序,用于复位
While True DO；	利用死循环,将初始化程序与工业机器人程序隔离
WaitDI Di_QD,1；	等待启动信号
ZQ；	调用抓取程序
FZ；	调用放置程序
EndWhile	结束循环
EndPROC	结束主程序

步骤三：编制抓取程序

搬运工作站程序的抓取程序（ZQ）见表8-7。

相关知识

一、轴配置监控指令 ConfL

轴配置监控指令ConfL的作用是监控工业机器人在线性运动及圆弧运动过程中是否严格遵循程序中设定的轴配置参数。默认情况下，轴配置监控是打开的，关闭后，工业机器人以最接近当前轴配置数据的配置到达指定目标点。

例如：目标点P0中，［1,0,1,0］是此目标点的轴配置数据，代码如下：

CONST ROBTARGET P0
PROC LIZI( )
　　ConfL \Off；
　　MoveL P0,v600,fine,tool0；
ENDPROC

执行结果：工业机器人自动匹配一组最接近当前各关节轴姿态的轴配置数据，移动至目标点P0，轴配置数据不一定为程序中指定的［1,0,1,0］。

二、循环指令 While

While指令通过判断相应条件，如果符合则执行循环内指令，条件不满足则跳出循环，继续执行循环以后的指令。

如果条件为TRUE，则执行While模块中的指令。如果条件为FALSE，则不执行While模块中的指令，且程序控制立即转移至While模块后的指令。

Whlie模块后的指令：
WHILE <EXP>DO
　　<SMT>
ENDWHILE

其中<EXP>是循环判断条件，<SMT>是待执行指令。

表 8-7 抓取程序（ZQ）

程序内容	说 明
PROC ZQ( )	抓取程序
WZ;	调用计算抓取的位置
MoveJ Offs(Pzq,0,0,50),v800,z50,Tool1\Wobj:=WobJ1;	夹具运动到抓取位置上方 50mm
MoveL Pzq,v100,fine,Tool1\Wobj:=WobJ1;	夹具运动到抓取的位置
Set Do_XP;	启动吸盘动作
Waittime 0.5;	延时 0.5s
MoveL Offs(Pzq,0,0,50),v500,fine,Tool1\Wobj:=WobJ1;	精加工路径夹具运动到抓取位置上方 50mm
EndPROC	结束抓取程序

步骤四：编制放置程序

搬运工作站程序的放置程序（FZ）见表 8-8。

表 8-8 放置程序（FZ）

程序内容	说 明
PROC FZ( )	放置程序
MoveJ Offs(Pfz,0,0,50),v800,z50,Tool1\Wobj:=WobJ1;	夹具运动到放置位置上方 50mm
MoveL Pzq,v100,fine,Tool1\Wobj:=WobJ1;	夹具运动到抓取的位置
ReSet Do_Grip;	释放吸盘动作
Waittime 0.5;	延时 0.5s
MoveL Offs(Pzq,0,0,50),v500,fine,Tool1\Wobj:=WobJ1;	精加工路径夹具运动到放置位置上方 50mm
JS;	调用计数程序
EndPROC	结束放置程序

步骤五：编制位置处理程序

搬运工作站程序的位置处理程序（WZ）见表 8-9。

WHILE reg1<reg2 DO

　　…

　　reg1:=reg1+1;

ENDWHILE

当判断条件始终是真值时，While 指令存在死循环。

例如下面一段程序：

PROC main( )

　　rCSH;

　　WHILE TRUE DO

　　　　<SMT>

　　ENDWHILE

ENDPROC

三、Test 指令

ABB 工业机器人 Test 指令的语法结构：

TEST<EXP>

CASE<test value>;

　　<SMT>

CASE<test value>;

　　<SMT>

CASE<test value>;

　　<SMT>

DEFAULT;

ENDTEST

其中，<EXP>是需要计算的变量值；<test value>是计算后对应值；<SMT>是语句体。

程序执行过程为：

1）将测试数据与第一个 CASE 条件中的测试值进行比较。如果对比真实，则执行相关指令。此后，通过 ENDTEST 后的指令继续执行程序。

2）如果未满足第一个 CASE 条件，则对其他 CASE 条件进行测试等。如果未满足任何条件，则执行与 DEFAULT 相关的指令（如果存在）。

例如下面的程序：

表 8-9 位置处理程序（WZ）

程序内容	说　明
PROC WZ( )	位置处理程序
Test JSQ;	指引计数器
CASE 1;	当 JSQ 为 1 时，执行下列程序
Pzq:= Offs(zqwz,0,0,0);	位置数据信息赋值给 Pzq
Pfz:= Offs(fzwz,0,0,0);	位置数据信息赋值给 Pfz
CASE 2;	从第 2 次抓取到第 n 次抓取编程方法类似
……	
CASE n;	
……	
CASE $n+1$;	最后一次赋值
Pzq:= Offs(zqwz_2,FZ_X,FZ_Y,0);	
Pfz:= Offs(fzwz_2,ZQ_X,ZQ_Y,0);	
Default;	
EndTest	结束选择性执行程序
EndPROC	结束位置处理程序

完成坐标系标定后，需要示教基准目标点。在此工作站中，需要示教原点 Home、抓取基准点 zqwz 和 zqwz_2、放置工件基准点 fzwz 和 fzwz_2。

手动状态下将主程序逐步运行到 zqwz、zqwz_2、fzwz、fzwz_2 等位置后，选择"修改位置"将当前位置存储到对应的位置数据存储器里，即完成相关点的示教任务。

完成示教基准点后，将工作站复位，手动单步运行，查看工业机器人运行状态，确认运行状态是否正常，若正常则保存该工作站。

```
MOVDULE MAINMODULE
    PROC MAIN（）
        TEST REG
            CASE 1,2;
            FH1;
            CASE 3;
            FH2;
            DEFAULT;
            TPWRITE "EEROR";
            STOP;
        ENDTEST
    ENDPROC
ENDMODULE
```

根据 REG 的值执行不同的指令。如果该值为"1"或"2"时，则执行 FH1。如果该值为"3"，则执行 FH2，否则打印出错误消息"EEROR"，并停止执行。

任务二测评

1. 知识测评

确定本任务关键词,按重要程度进行关键词排序并举例解读。

根据自己对重要信息的捕捉、排序、表达、创新和划分权重的能力进行自评,满分 100 分,见表 8-10。

表 8-10 工业机器人搬运程序编写知识测评表

序号	关键词	举例解读	评分自定
1			
2			
3			
4			
5			
总分			

2. 能力测评

完成表 8-11 所列作业内容评分,操作规范可得分,操作错误或未操作得零分。

表 8-11 工业机器人搬运程序编写能力测评表

序号	能力点	配分	得分
1	工件基点计算	30	
2	选用循环指令	30	
3	编制加工程序	40	
	总分	100	

3. 素养测评

完成表 8-12 所列素养点评分,做到可得分,未做到得零分。

表 8-12 工业机器人搬运程序编写素养测评表

序号	素养点	配分	得分
1	学习纪律	20	
2	操作过程规范	20	
3	严谨认真、一丝不苟精神	20	
4	互相帮助、团队精神	20	
5	学习环境符合"8S"管理要求	20	
	总分	100	

4. 拓展训练

请列举出在编制搬运程序过程中易出现的问题,分析产生问题的原因并制定解决问题的措施。

拓展阅读——AGV 搬运机器人

随着工厂自动化和集成化技术逐步发展以及柔性制造系统、自动化立体仓库的广泛应用，AGV 作为联系和调节物流管理系统使其作业连续化的必要自动化搬运装卸手段，其应用范围和技术水平得到了迅猛的发展。

一、AGV 搬运机器人简介

AGV 英文全称是 Automated Guided Vehicle，而 AGV 搬运机器人（图 8-5）是当前最常见的搬运机器人之一，主要功能集中在自动化物流搬运。AGV 搬运机器人是通过导引系统自动将物品运输至指定地点，最常见的导引方式为电磁导引、激光导引、RFID 导引、光学导引、惯性导引等。

图 8-5　AGV 搬运机器人

二、AGV 搬运机器人的导引方式

1）电磁感应式：也就是最常见的磁条导航，通过在地面粘贴磁性胶带，当 AGV 搬运机器人经过时，车底部装有的电磁传感器会感应到地面磁条地标从而实现自动行驶运输货物，站点定义则依靠磁条极性的不同排列组合设置。

2）激光感应式：通过激光扫描器识别设置在其活动范围内的若干个定位标志来确定其坐标位置，从而引导 AGV 搬运机器人运行。

3）RFID 感应式：通过 RFID 标签和读取装备自动检测坐标位置，实现 AGV 搬运机器人自动运行，站点定义通过芯片标签任意定义，即使最复杂的站点设置也能轻松完成。

4）光学感应式：在 AGV 搬运机器人的行驶路径上涂漆或粘贴色带，通过对摄像机采集的色带图像信号进行简单处理而实现导引。

5）惯性导引式：惯性导引是在 AGV 搬运机器人上安装陀螺仪，在行驶区域的地面上安装定位块，AGV 搬运机器人可通过对陀螺仪偏差信号的计算及地面定位块信号的采集来确定自身的位置和方向，从而实现导引。

三、AGV 搬运机器人的应用

1）在制造业中的应用：AGV 搬运机器人能在工厂搬运作业中高效、准确、灵活地完成搬运任务，由多台 AGV 搬运机器人组成的柔性物流搬运系统，其搬运路线可以随着生产工艺流程的调整而及时调整，使一条生产线上能够制造出需要的产品，大大地提高了生产的柔性和企业的竞争力。对于质量大的货物，可使用重载型 AGV 搬运机器人，其运载能力可达 200kg。在仓库或工厂中，AGV 搬运机器人自动完成一系列的流水线作业，节省人力，方便工人操作，大大提高了工厂运输效率。

2）在仓储业中的应用：仓储业是 AGV 搬运机器人最早应用的场所，用于实现出入库货物的自动搬运。在传统的出入库工作中，需要大量时间和人力才能完成，而用 AGV 搬运机器人实现这一过程，不仅节省大量时间，而且安全可靠，减少了事故的发生。目前世界上数以万计的 AGV 搬运机器人正运行在各种仓库中。

项目九 工业机器人焊接工作

一、项目描述

工业机器人焊接广泛地应用于各行各业,根据不同的应用情况,工业机器人的法兰盘上可安装数字焊枪、普通焊枪。

二、项目要求

1)了解工业机器人焊接工作站构成。
2)学习焊机操作流程。
3)编写焊接机器人程序。

三、项目目标

1)掌握焊接机器人的工作流程。
2)完成焊接机器人程序的编写。
3)培养学生自觉遵守工业机器人国家职业标准和要求的规定,规范操作过程,保持实训环境符合"8S"管理要求,帮助学生养成精益求精的职业习惯。
4)体会严谨的工匠精神。

四、项目学习载体

本项目在 YL-399A 工业机器人焊接工作站上进行,如图 9-1 所示。

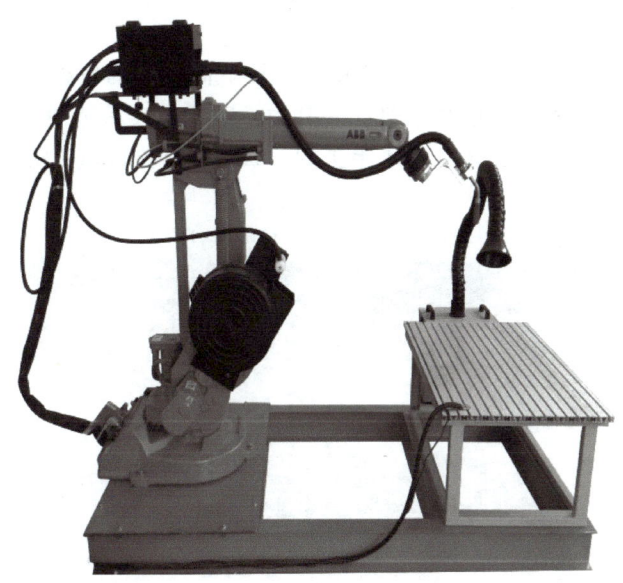

图 9-1 YL-399A 工业机器人焊接工作站

任务一　工业机器人焊接工作站准备

工业机器人焊接工作站准备

步骤一：焊机操作流程

1. 焊接方法选择

操作焊机控制面板，如图9-2所示，按下面板上的按键9进行焊接方法选择，则与之相对应的指示灯亮。其中，P-MIG 表示脉冲焊接；MIG 表示一元化直流焊接；STICK 表示手工焊；TIG 表示钨极氩弧焊；CAC-A 表示碳弧气刨。

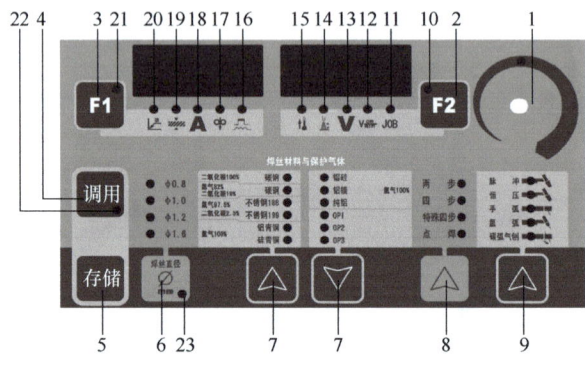

图9-2　焊机控制面板

2. 工作模式选择

操作焊机操作面板，按图9-2中的按键8进行工作模式的选择，与之相对应的指示灯亮。

1）两步工作模式时序图如图9-3所示。

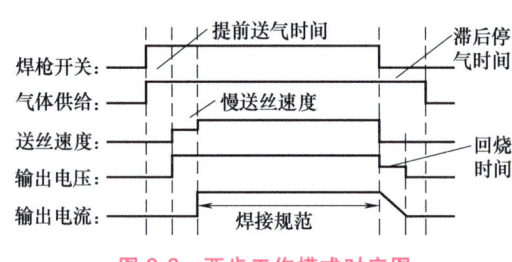

图9-3　两步工作模式时序图

相关知识

工业机器人焊接工作站构成

本项目焊接系统主要采用 Pulse MIG-350 焊机、送丝机、焊枪和工业液体 CO_2，选择普通焊枪作为焊接单元，工业机器人系统则选用 ABB 1410 工业机器人和 ABB IRC5 工业机器人控制器，如图9-4所示。

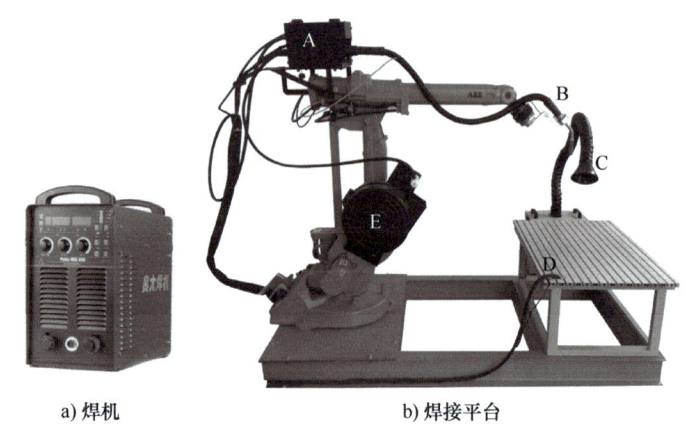

a) 焊机　　　　　b) 焊接平台

图9-4　焊接工作站结构

1. 工业机器人焊接工作站的结构

焊接平台各个部件有 ABB 1410 工业机器人系统，Pulse MIG-350 工业机器人专用焊接电源（图9-4a）以及配件（图9-4b），具体配件名称见表9-1。

表9-1　配件名称

序号	配件名称
A	专用送丝机
B	机器人焊枪、清枪系统、剪丝机构
C	烟雾净化系统
D	负极接线
E	丝盘支架和导丝管

2) 四步工作模式时序图如图9-5所示。

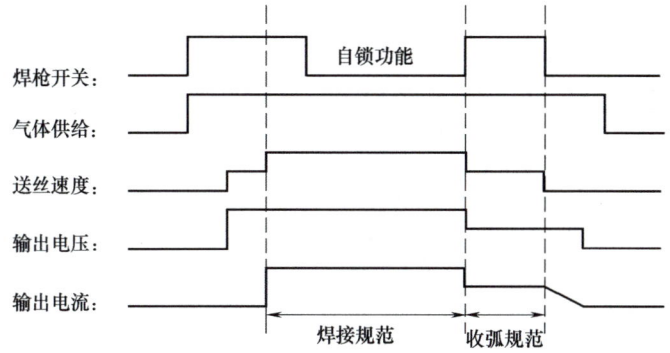

图9-5 四步工作模式时序图

3) 特殊四步工作模式时序图如图9-6所示。

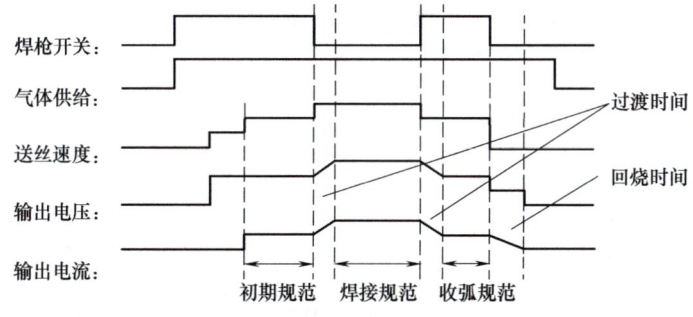

图9-6 特殊四步工作模式时序图

4) 点焊工作模式时序图如图9-7所示。

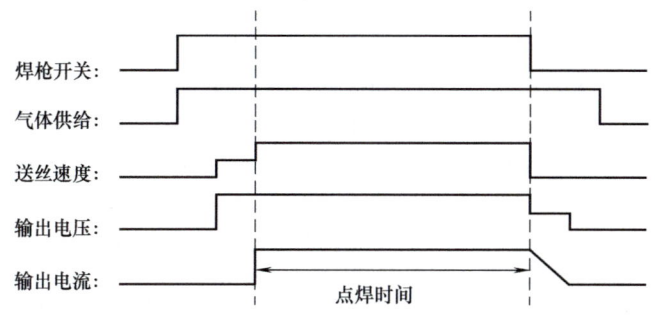

图9-7 点焊工作模式时序图

2. 焊机

图9-4a是工作站采用的气保焊机Pulse MIG-350，其规格见表9-2。其特点是具有脉冲和恒压两种输出特性，脉冲特性可以实现半自动高性能焊接碳钢、不锈钢及铜合金的焊接，恒压特性可实现碳钢和不锈钢纯CO_2气体和混合气体保护焊。焊接过程几乎无飞溅，熔附率高，焊缝质量高，碳钢和不锈钢实芯焊丝即可达到药芯焊丝的效果，无须清渣打磨。

表9-2 焊机规格

型　号	Pulse MIG-350
额定输入电压/频率	三相380V(1±10%),50Hz
额定输入容量/kV·A	13
额定输入电流/A	20
额定输出电压/V	31.5
额定负载持续率/%	60
输出空载电压/V	106
输出电流范围/A	25~350
输出电压范围/V	10~40
送丝类型	推丝/推拉丝
气体流量/(L/min)	15~20
焊枪冷却方式	水冷/气冷
外壳防护等级	IP21S
绝缘等级	H
外型尺寸 L×W×H	600mm×298mm×549mm
质量/kg	45

焊机Pulse MIG-350前后面板接口如图9-8所示，各接口含义见表9-3。

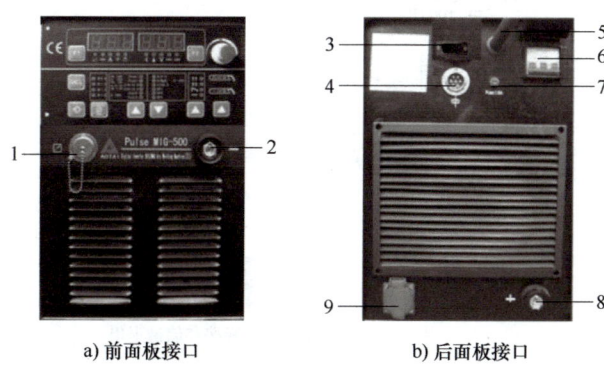

a) 前面板接口　　b) 后面板接口

图9-8 焊机面板

3. 保护气体及焊接材料选择

操作焊机操作面板，按图9-2中的按键7进行保护气体及焊接材料的选择，与之相对应的指示灯亮。

4. 焊丝直径选择

操作焊机操作面板，按图9-2中的按键6进行焊丝直径的选择，与之相对应的指示灯亮。

注意：根据要求完成以上选择，设置通过送丝机上电流调节旋钮预置所需的电流值，并将送丝机上电压调节旋钮调到标准位置后进行焊接，最后根据实际焊接弧长微调电压旋钮，使电弧处在脉冲声音中稍微夹杂短路声音的环境中，可达到良好的焊接效果。

步骤二：焊机控制面板操作

1. 进出隐含参数菜单及参数项调节方法

操作焊机操作面板，同时按下图9-2中的按键5和焊丝直径选择键6并松开，隐含参数菜单指示灯23亮起，表示已进入隐含参数菜单调节模式。再次按下按键5退出隐含参数菜单调节模式，隐含参数菜单指示灯23灭。用按键6选择要修改的项目，用调节旋钮1调节要修改的参数值，其中P05、P06项可用F2键切换至显示电流百分数、弧长偏移量，并可用调节旋钮1修改对应参数值，如图9-9所示。

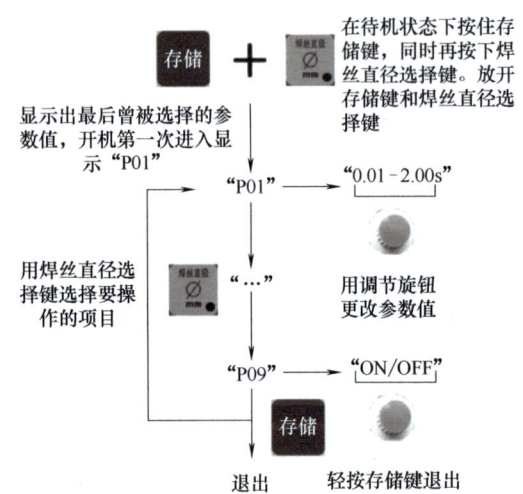

图9-9 进出隐含参数菜单及参数项调节流程图

表9-3 焊机面板接口含义

序号	接 口 含 义
1	外设控制插座×3
2	焊机输出插座（-）
3	程序升级下载端口×4
4	送丝机控制插座×7
5	输入电缆
6	空气开关
7	熔断器
8	焊机输出插座（+）
9	加热电源插座×5

焊机的控制面板用于焊机的功能选择和部分参数设定。控制面板包括数字显示窗口、调节旋钮、按键、发光二极管指示灯，如图9-2所示。

图9-2所示的焊机控制面板中的各个旋钮、按键和指示灯的作用见表9-4。

表9-4 焊机控制面板旋钮、按键和指示灯的作用

序号	含 义	作 用
1	调节旋钮	该调节旋钮上方指示灯亮时，可以用此旋钮调节对应项目的参数
2	参数选择键F2	可选择进行操作的参数项目，如弧长修正、焊接电压、作业号n⁰
3	参数选择键F1	可选择进行操作的参数项目，如送丝速度、焊接电流、电弧力/电弧挺度
4	调用键	调用已存储的参数
5	存储键	进入设置菜单或存储参数
6	焊丝直径选择键	选择所用焊丝直径
7	焊丝材料选择键	选择焊接所要采用的焊丝材料及保护气体
8	焊枪操作模式键	选择焊枪操作模式： 1）两步操作模式（常规操作模式） 2）四步操作模式（自锁模式） 3）特殊四步操作模式（起、收弧规范可调模式） 4）点焊操作模式

2. 可修改项目及对应的参数

焊机具体可修改项目的参数见表9-5。

表9-5 可修改项目及对应的参数

项目	用途	设定范围	出厂设置
P01	回烧时间	0.01~2.00s	0.08s
P02	慢送丝速度	1.0~21.0m/min	3.6m/min
P03	提前送气时间	0.1~10.0s	0.20s
P04	滞后停气时间	0.1~10.0s	1.0s
P05	初期规范	1%~200%	135%
P06	收弧规范	1%~200%	50%
P07	过渡时间	0.1~10.0s	2.0s
P08	点焊时间	0.5~5.0s	3.0s
P09	近控有无	OFF/ON	OFF
P10	水冷选择	OFF/ON	ON
P11	双脉冲频率	0.5~5.0Hz	OFF
P12	强脉冲群弧长修正	-5.0~+5.0	2.0
P13	双脉冲速度偏移量	0~2m	2m
P14	强脉冲群占空比	10%~90%	50%
P15	脉冲模式	OFF/UI	OFF
P16	风机控制时间	5~15min	15min
P17	起弧时间	0~10s	OFF
P18	收弧时间	0~10s	OFF
P30	点动送丝速度	1.0~21.0m/min	3m/min

注意：按下调节旋钮1约3s，焊机参数将恢复至出厂设置。

（续）

序号	含义	作用
9	焊接方式选择键	P-MIG脉冲焊接或MIG一元化直流焊接
10	F2键选中指示灯	
11	作业号n指示灯	按作业号调取预先存储的作业参数
12	焊接速度指示灯	指示灯亮时,右显示屏显示预置焊接速度,单位为cm/min
13	焊接电压指示灯	指示灯亮时,右显示屏显示预置或实际焊接电压
14	弧长修正指示灯	指示灯亮时,右显示屏显示修正弧长值。—:弧长变短;0:标准弧长;+:弧长变长
15	机内温度指示灯	
16	电弧力/电弧挺度	MIG/MAG脉冲焊接时,调节电弧力。 —:电弧力减小;0:标准电弧力;+:电弧力增大 MIG/MAG一元化直流焊接时,改变短路过渡时的电弧挺度。 —:电弧硬而稳定;0:中等电弧;+:电弧柔和、飞溅小
17	送丝速度指示灯	指示灯亮时,左显示屏显示送丝速度,单位为m/min
18	焊接电流指示灯	指示灯亮时,左显示屏显示预置或实际焊接电流
19	母材厚度指示灯	指示灯亮时,左显示屏显示预置母材厚度
20	焊角指示灯	指示灯亮时,左显示屏显示焊角尺寸"a"
21	F1键选中指示灯	
22	调用作业模式工作指示灯	
23	隐含参数菜单指示灯	进入隐含参数菜单调节时指示灯亮

步骤三：安装方法

1）将焊机电源输入电缆与三相380V电压连接，连接时注意安全。

2）将送丝机安装到工业机器人本体。

3）将焊机电源与送丝机连接：送丝机线内包含气管一根、带有七芯插头的控制电缆一根，以及带有快速插头的焊接电缆一根，如图9-10所示。送丝机线一端连接到焊机，另一端连接送丝机。

a) 控制电缆插头　　　　b) 焊接电缆插头　　　　c) 气管

图 9-10　电缆和气管接头示意图

4）工业机器人与焊机的连接时，若工业机器人配置的是数字接口，则焊机需要通过"Devicenet"与工业机器人通信。

5）将焊枪正确地安装到工业机器人上，安装完毕后检查焊枪的安装是否正确，确保安装无误。

6）全部安装完成后，再检查一遍，如正极引出线快速插头一端是否连接可靠，确保在开始焊接前安装无误。

任务一测评

1. 知识测评

确定本任务关键词，按重要程度进行关键词排序并举例解读。

根据自己对重要信息的捕捉、排序、表达、创新和划分权重的能力进行自评，满分100分，见表9-6。

表9-6　工业机器人焊接工作站准备知识测评表

序号	关键词	举例解读	评分自定
1			
2			
3			
4			
5			
总分			

2. 能力测评

完成表9-7所列作业内容评分，操作规范可得分，操作错误或未操作得零分。

表9-7　工业机器人焊接工作站准备能力测评表

序号	能力点	配分	得分
1	焊接机器人操作流程	20	
2	焊机控制面板操作	40	
3	焊接系统安装方法	40	
	总分	100	

3. 素养测评

完成表9-8所列素养点评分，做到可得分，未做到得零分。

表9-8　工业机器人焊接工作站准备素养测评表

序号	素养点	配分	得分
1	学习纪律	20	
2	操作过程规范	20	
3	严谨认真、一丝不苟精神	20	
4	互相帮助、团队精神	20	
5	学习环境符合"8S"管理要求	20	
	总分	100	

4. 拓展训练

根据焊机工作模式时序图，用语言描述出焊机的四种工作模式。

任务二　焊接机器人程序编写

焊接机器人程序编写

步骤一：基本焊接信号定义

DSQC 651 通信板卡主要提供 8 个数字量输入、8 个数字量输出和两个模拟量输出信号的处理，接口如图 9-11 所示，具体 I/O 配置见表 9-9。

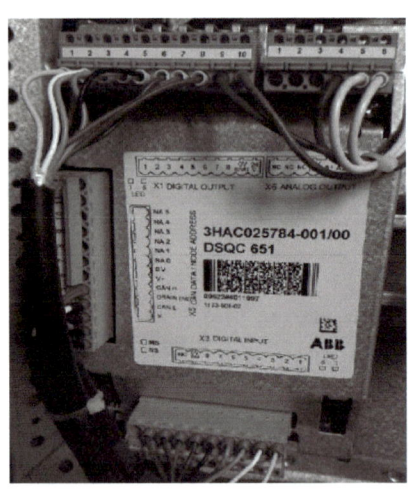

图 9-11　DSQC 651 通信板卡接口

表 9-9　I/O 配置

I/O 名称	I/O 说明	I/O 类型及地址
AOVV	焊接电压控制信号	AO1,0~15
AOII	焊接电流控制信号	AO2,16~31
DOQH	起弧信号	DO1,0
DOSS	送丝信号	DO2,1
DOBH	打开保护气信号	DO3,2
DIJC	起弧检测信号	DI1,0

相关知识

一、常用弧焊参数

1. 弧焊参数

弧焊参数的数据类型是 Seamdata，该参数是定义起弧和收弧时的焊接参数，在本任务的程序中该参数名称定义为 Seam1。

1）Purge_time：焊接开始时，清理焊接枪管中空气时间，即预充气时间。

2）Preflow_time：保护气的预送气时间。

3）Bback_time：收弧时焊丝的回烧量。

4）Postflow_time：收弧时为防止焊缝氧化保护气体的送气时间。

2. 焊接参数

弧焊参数的数据类型是 Welddata，该参数是定义焊接参数，在本任务的程序中该参数名称定义为 Weld1。

1）Weld_speed：工业机器人的焊接速度，单位是 mm/s。

2）Weld_voltage：定义焊接电压，单位是 V。

3）Weld_wirefeed：焊接时送丝系统的送丝速度，单位是 m/min。

3. 摆弧参数

摆弧参数的数据类型是 Weavedata，该参数定义摆动焊接时的摆动参数，在本任务的程序中该参数名称定义为 weave1。

1）Weave_shape：定义焊枪摆动形状。

0 表示无摆弧；1 表示摆弧是平面锯齿型；2 表示摆弧是空间 V 字型；3 表示摆弧是空间三角形型；4 表示摆弧是圆周运动型。

2）Weave_type：定义工业机器人摆动模式。

0 表示工业机器人所有的轴均参与摆弧；1 表示仅手腕（即第 5、6 轴）参与摆弧；2 表示仅第 1、2、3 轴参与摆弧；3 表示仅 4、5、6 轴参与摆弧。

3）Weave_length：表示一个周期内工业机器人工具坐标系向前移动的距离。

4）Weave_width：摆动的宽度。

5）Weave_height：空间摆动的高度。

步骤二：编写焊接程序

焊接机器人的例程如下所示：

```
MODULE Module1
CONST robtarget
p10:=[[943.61,0.00,1152.50],[0.5,-1.19121E-08,0.866025,-6.87746E-09],[0,0,-1,0],[9E+09,9E+09,9E+09,9E+09,9E+09,9E+09]];
CONST robtarget
p20：=[[927.01,17.92,922.16],[0.45506,-0.00112772,0.890444,0.00537358],[0,-1,0,0],[9E+09,9E+09,9E+09,9E+09,9E+09,9E+09]];
CONST robtarget
p30：=[[1192.16,23.26,845.48],[0.455057,-0.00153641,0.890444,0.00558244],[0,-1,0,0],[9E+09,9E+09,9E+09,9E+09,9E+09,9E+09]];
TASK PERS seamdata
seam1:=[0,0,[0,0,0,0,0,0,0,0,0,0],0,0,0,0,[0,0,0,0,0,0,0,0,0],0,0,[0,0,0,0,0,0,0,0,0,0],0,0,[0,0,0,0,0,0,0,0,0],0];
TASK PERS welddata
weld1:=[10,0,[0,0,3,0,0,2,0,0,0],[0,0,0,0,0,0,0,0,0]];
CONST robtarget
p40：=[[1192.16,23.26,845.48],[0.455057,-0.00153641,0.890444,0.00558244],[0,-1,0,0],[9E+09,9E+09,9E+09,9E+09,9E+09,9E+09]];
CONST robtarget
p50：=[[1106.28,23.26,845.48],[0.455057,-0.00153642,0.890444,0.00558241],[0,-1,0,0],[9E+09,9E+09,9E+09,9E+09,9E+09,9E+09]];
CONST robtarget
p60：=[[1056.68,23.26,845.48],[0.455057,-0.00153642,0.890444,0.00558241],[0,-1,0,0],[9E+09,9E+09,9E+09,9E+09,9E+09,9E+09]];
CONST robtarget
p70：=[[1060.57,15.44,1152.84],[0.455056,-0.00153642,0.890444,0.00558231],[0,-1,0,0],[9E+09,9E+09,9E+09,9E+09,9E+09,9E+09]];
CONST robtarget
p80：=[[864.06,35.84,1365.84],[0.711039,-0.00694494,0.702886,0.018086],[0,-1,0,0],[9E+09,9E+09,9E+09,9E+09,9E+09,9E+09]];
```

二、常用弧焊指令

在 ABB 工业机器人焊接工作站中，工业机器人选项中必须包含弧焊软件包，以便有相应的焊接设置、焊接生产画面和焊接说明。任何焊接程序都必须以 ArcLStart 或 ArcCStart 开始。任何焊接过程都必须以 ArcLEnd 或 ArcCEnd 结束。

1）直线焊接起弧移动指令 ArcLStart：该指令是用于直线焊缝的焊缝开始，工具中心点线性移动到指定目标位置，整个焊接过程通过参数进行监控和控制。

以下列语句为例介绍该指令的用法：

ArcLStart P1, V50, Seam1, Weld1, Fine, Tool1；

其中，Seam1 是起弧收弧的参数，Weld1 是焊接参数。

任何直线焊接程序都必须以 ArcLStart 开始，通常运用 ArcLStart 作为起始语句。

2）直线焊接结束（收弧）移动指令 ArcLEnd：该指令是用于直线焊缝的焊缝结束，工具中心点线性移动到指定目标位置，整个焊接过程通过参数进行监控和控制。任何线性焊接程序都必须以 ArcLEnd 作为终止语句。

例如：ArcLEnd P2, V50, Seam1, Weld1, Fine, Tool1；

3）直线焊接移动指令：该指令是弧焊机器人用于直线焊缝的焊接，工具中心点线性移动到指定目标位置，焊接过程通过参数进行控制。

线性焊接中间点用 ArcL 语句；焊接过程中不同的语句可以使用不同的焊接参数（seamdata 和 weldata）。

例如：ArcL P20,V50,Seam1,Weld1\weave:=weave1,Fine,Tool1；

具体给出一个焊接程序样例如下：

```
PROC YL()
  MoveJ P0,V1000,fine,tool1;
  ArcLStart P1,v100,seam1,weld1\weave:=weave1,fine,Tool1;
  ArcL P2,v100,seam1,weld1\weave:=weave1,z10,Tool1;
  ArcLEnd P3,v100,seam1,weld1,fine,Tool1;
  MoveJ P4,V1000,fine,tool1;
ENDPROC
```

CONST robtarget
p90: = [[679.63, -534.78, 1365.84], [0.673203, 0.237191, 0.661693, -0.229568], [-1,-1,0,0], [9E+09,9E+09,9E+09,9E+09,9E+09,9E+09]];
CONST robtarget
p100: = [[37.47, -868.41, 1273.24], [0.496767, 0.635213, 0.545209, -0.229071], [-1,0,-1,0], [9E+09,9E+09,9E+09,9E+09,9E+09,9E+09]];
PROC MAIN()
MoveJ p10,v200,z50,tool1;
MoveL p20,v200,z50,tool1;
MoveL p30,v200,z50,tool1;
ArcLStart p40,v10,seam1,weld1,fine,tool1;
ArcL p50,v10,seam1,weld1,fine,tool1;
ArcLEnd p60,v1000,seam1,weld1,fine,tool1;
ArcCStart p70,v10,seam1,weld1,tool1;
ArcC p80,v10,seam1,weld1\weave:=weave1,tool1;
ArcCEnd p90,v10,seam1,weld1,tool1;
MoveL p100,v500,z50,tool1;
ENDPROC
ENDMODULE

步骤三：焊接机器人日常维护

1. 焊机的定期检查及保养

1）每3~6个月由专业维修人员用压缩空气为焊接电源除尘一次，同时注意检查机内有无紧固件松动现象。

2）经常检查电缆是否破损，调节旋钮是否松动，面板上元件是否损坏。

3）导电嘴和送丝轮应及时更换，经常清理送丝软管。

2. 送丝机的日常维护

1）使用送丝机时应避免溅上水及其他易腐蚀性液体，若不慎溅上，应及时进行擦拭，经常保持送丝机清洁。

2）送丝轮作为传动装置，应保持旋转部位的润滑与清洁，经常为转动装置增加润滑剂。

焊接机器人的焊枪所行走的轨迹如图9-12所示。

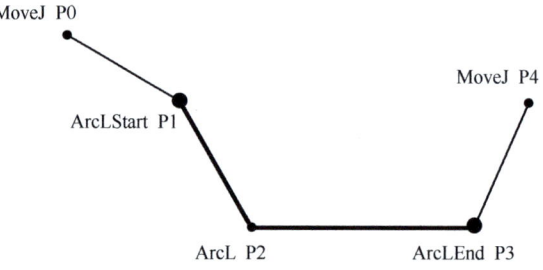

图9-12 焊枪行走的轨迹

对于圆弧焊缝的焊接指令分别是圆弧焊接开始移动指令AcrCStart，焊接结束（收弧）移动指令ArcCEnd，以及圆弧焊接移动指令ArcC，用法与直线焊接指令类似。

3）压丝轮在长时间使用后，会产生一定的磨损，当磨损程度增大影响送丝的稳定时，应及时更换压丝轮。

4）为了保证送丝的顺畅性，应经常清理送丝系统，以免送丝阻力增大影响送丝的稳定性，影响焊接质量。

3. 焊枪的日常维护

1）长时间使用焊枪，其喷嘴处会因为焊接时飞溅而沾满各种颗粒，应经常注意焊枪喷嘴处是否有飞溅颗粒并及时进行清理，长时间不清理会对保护气体的流量产生影响，从而影响焊接质量。

2）焊枪的导电嘴属于易耗品，一般情况下，为保证良好的焊接效果，在长时间焊接时，应在每天开始焊接前更换新的导电嘴。

3）长时间使用焊枪时，焊枪内的送丝管内壁上会沾上许多杂质，长时间不清理将会影响送丝的顺畅性，影响焊接的质量。一般情况下，每焊完一盘焊丝后，要用高压气体清理送丝系统，若清理后送丝阻力依然很大，需要更换送丝管。

注意：焊机内最高电压达 600V，为确保安全，严禁随意打开机壳。维修时，应做好防止电击等安全防护工作。在安装焊接电缆及更换焊枪配件时，应关闭电源。

任务二测评

1. 知识测评

确定本任务关键词，按重要程度进行关键词排序并举例解读。

根据自己对重要信息的捕捉、排序、表达、创新和划分权重的能力进行自评，满分100分，见表9-10。

表9-10 焊接机器人程序编写知识测评表

序号	关键词	举例解读	评分自定
1			
2			
3			
4			
5			
总分			

2. 能力测评

完成表9-11所列作业内容评分，操作规范可得分，操作错误或未操作得零分。

表9-11 焊接机器人程序编写能力测评表

序号	能力点	配分	得分
1	I/O的设置	20	
2	直线焊接指令的认知	20	
3	圆弧焊接指令认知	20	
4	编写焊接程序并调试	40	
	总分	100	

3. 素养测评

完成表9-12所列素养点评分，做到可得分，未做到得零分。

表9-12 焊接机器人程序编写素养测评表

序号	素养点	配分	得分
1	学习纪律	20	
2	操作过程规范	20	
3	严谨认真、一丝不苟精神	20	
4	互相帮助、团队精神	20	
5	学习环境符合"8S"管理要求	20	
	总分	100	

4. 拓展训练

请写出添加停止设定的具体操作步骤。

拓展阅读——焊接机器人的发展

焊接机器人是从事焊接（包括切割与喷涂）的工业机器人，如图9-13所示。根据国际标准化组织中工业机器人术语标准对工业机器人的定义：工业机器人是一种多用途的、可重复编程的自动控制操作机，具有3个或更多可编程的轴，用于工业自动化领域。为了适应不同的用途，工业机器人最后一个轴的机械接口，通常是一个连接法兰，可接装不同工具或称末端执行器。焊接机器人就是在工业机器人的末轴法兰装接焊钳或焊（割）枪，使之能进行焊接、切割或热喷涂。

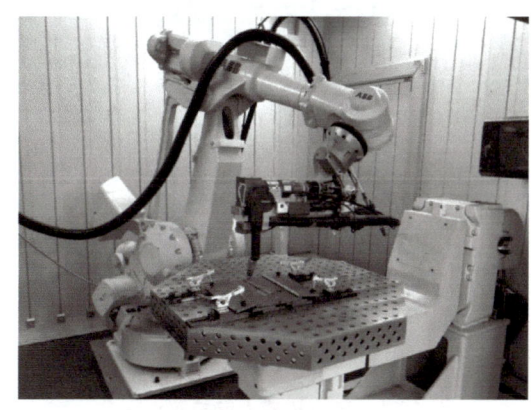

图 9-13 焊接机器人

随着电子技术、计算机技术、数控及工业机器人技术的发展，自动弧焊机器人工作站从20世纪60年代开始用于生产以来，其技术已日益成熟，其优点：稳定性好、提高焊接质量，提高焊接工作生产效率，改善焊工劳动强度，降低了对工人技术的要求，缩短了产品改型换代的准备周期，减少相应的设备投资。

随着焊接机器人应用范围的扩大，尤其为适应现代产品更新换代的需要，要求焊接机器人与变位机、弧焊电源等周边设备实现柔性化集成。在焊接过程中，焊接机器人与周边设备的柔性化协调控制，有助于减少辅助时间，是提高生产效率的关键技术之一。弧焊电源和工装夹具等在工业机器人统一控制下做相应的协调运动，保证整个系统高效率、高质量地工作。

近几年，为了在焊接过程中得到稳定性和高质量的焊接效果，需借助微处理机和反馈控制系统对焊接机器人进行精密的闭环控制，包括对电源的静动特性的控制，优化静特性的斜率或在短弧焊和脉冲焊时优化电流、陡度及短路电流上升速度等。

项目十　工业机器人的维护

一、项目描述

工业机器人在生产中高速运行，为了生产安全需要装上防护装置或者编写安全生产程序。当工业机器人长时间断电或者维修后，其定位精度就可能会达不到安全生产的要求，就需要进行一些设置更新，使精确度达到安全生产要求。

当工业机器人长时间断电或者出现转数计数器报警时，可以更新转数计数器、微校。

二、项目要求

1）了解工业机器人电池的维护方法。
2）掌握工业机器人六轴机械原点及其调校方法。
3）掌握工业机器人更新转数计数器的方法。
4）掌握 ABB 工业机器人故障代码的含义。

三、项目目标

1）掌握更换工业机器人电池的方法。
2）熟练更新工业机器人转数计数器。
3）根据 ABB 工业机器人故障现象查阅相应的资料并给出处理对策。
4）培养学生自觉遵守工业机器人国家职业标准和要求的规定，规范操作过程，保持实训环境符合"8S"管理要求，帮助学生养成精益求精的职业习惯。
5）体会严谨的工匠精神。

四、项目学习载体

本项目在工业机器人维护实训平台上进行，如图 10-1 所示。

图 10-1　工业机器人维护实训平台

任务一 转数计数器的更新

更新转数计数器

更新转数计数器步骤

在示教器上进行更新转数计数器的操作，步骤见表 10-1。

ABB 机器人的转数计数器更新操作

表 10-1 更新转数计数器的操作步骤

操作步骤	示教器界面
1) 在手动操纵菜单中，选择"轴 4-6"动作模式，先将关节 4 运动到机械原点的刻度位置。在主菜单中，选择"校准"	
2) 单击"ROB_1 校准"	

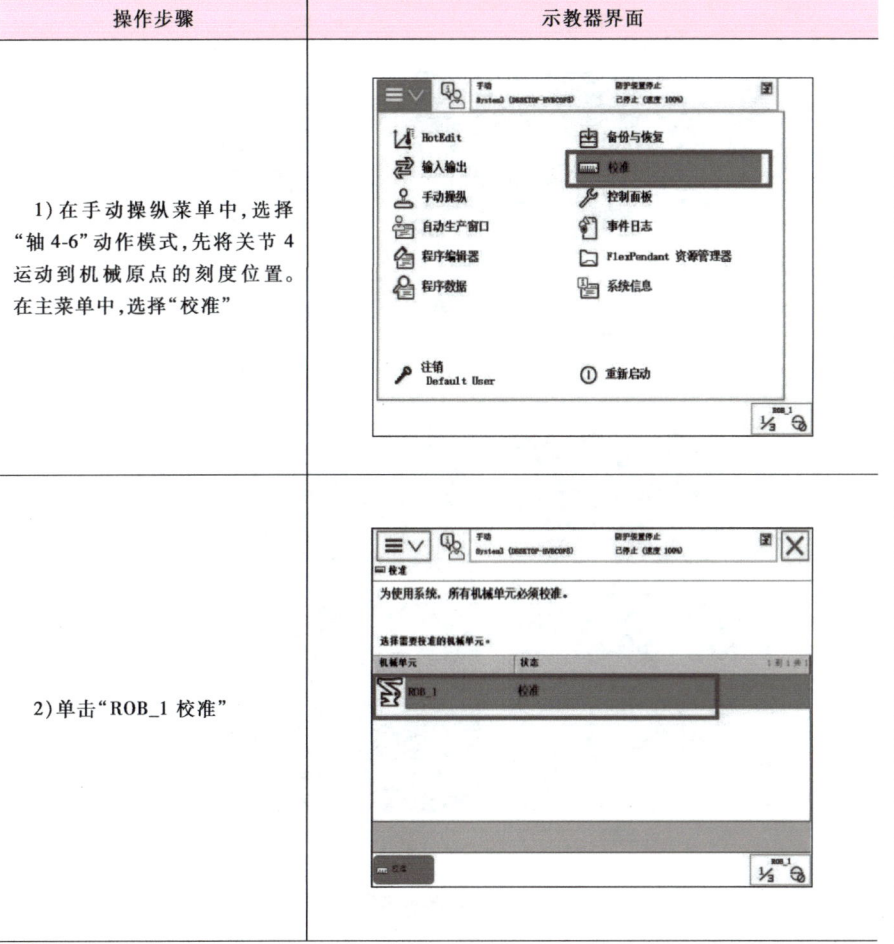

相关知识

一、转数计数器的认知

工业机器人编码器是绝对式编码器，它的特点是每个基准的角度发出一个唯一与该角度对应的二进制数值，但对于之前累加的圈数（当前的点位值是之前圈数加上当前圈数的总和）就需要转数计数器来保存。

在出厂时，对工业机器人各关节轴的机械零点进行了设定，该零点作为各关节轴运动的基准。各关节轴的机械零点位置数据存储在转数计数器中，更新转数计数器可以保证工业机器人各关节轴按照正确的基准运动。

二、工业机器人机械零点

将工业机器人各个轴停到机械零点，把各关节轴上的同步标记对齐，然后在示教器上进行校准更新的操作，即为转数计数器的更新。

工业机器人 6 个关节轴都有一个机械原点位置，如图 10-2 所示。在以下情况下，需要对机械原点的位置进行转数计数器更新：

1）当系统报警提示"10036 转数计数器更新"时。
2）当转数计数器发生故障，修复后。
3）在转数计数器与测量板之间断开之后。
4）在断电状态下，工业机器人关节轴发生移动时。
5）在更换伺服电动机转数计数器电池之后。

在工业机器人电动机拆装过后，也就是电动机与本体装配位置发生变化后，原有绝对零点位置信息已经不准确，本体银标签上的某个轴的数值已经不能代表真正零点信息。此时要保证零点位置绝对正确，可以联系 ABB 公司售后人员使用仪器来重新标定。如果现场要求不高，也可在拆卸工业机器人电动机前移动到绝对零点位置（示教器显示 0），在对应轴画细线作为标志，更换电动机后，把该位置作为绝对零点位置，进行微校。

使用手动操纵让工业机器人各关节轴运动到机械原点刻度位置的顺序是 4-5-6-1-2-3。

(续)

操作步骤	示教器界面
3）选择"校准 参数"后，再选择"编辑电机校准偏移…"	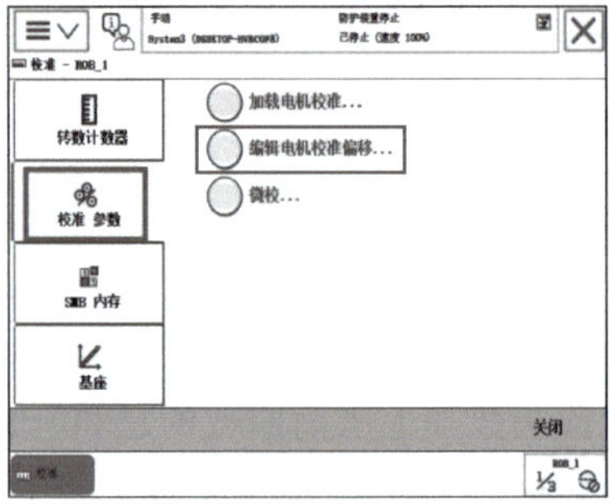
4）单击"是"按钮	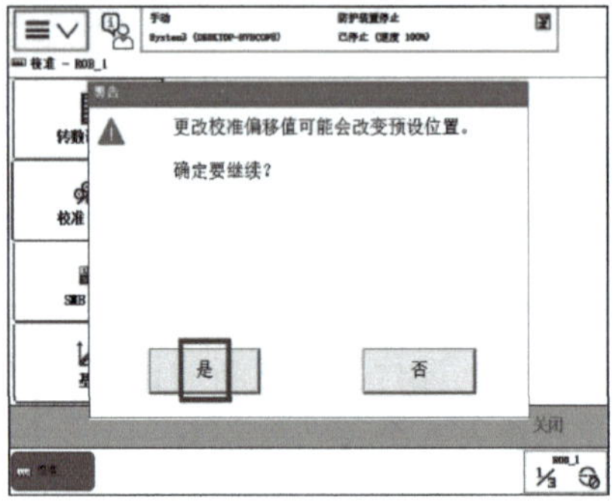
5）将工业机器人本体上电动机校准偏移记录下来（位于工业机器人机身）。输入刚才从工业机器人本体记录的电动机校准偏移数据，然后单击"确定"按钮。如果示教器中显示的数据与工业机器人本体上的标签数据一致，则无须修改，直接单击"取消"按钮退出	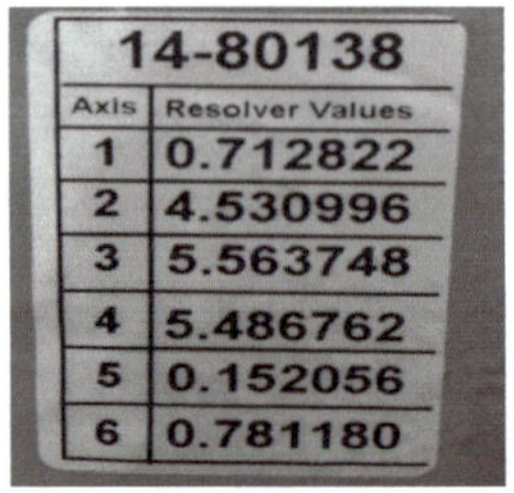 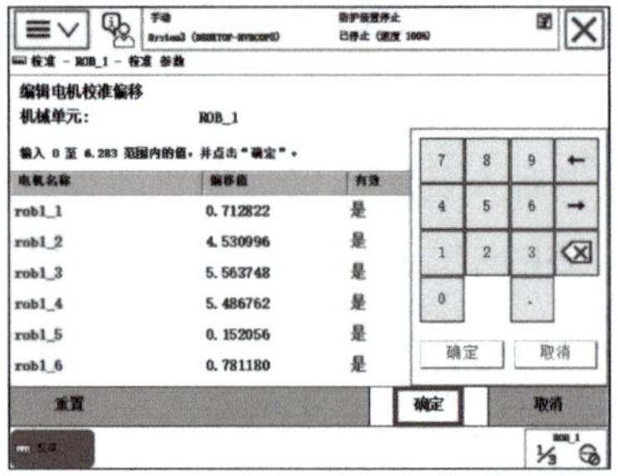

 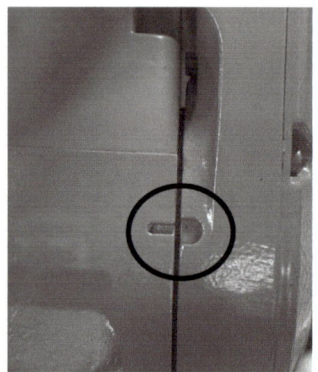

a) 4轴   b) 5轴

c) 6轴   d) 1轴

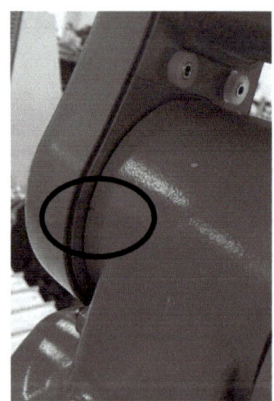 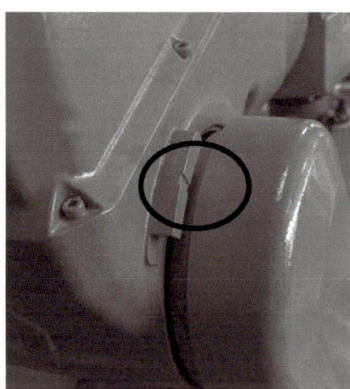

e) 2轴   f) 3轴

图 10-2　机械原点位置图

(续)

操作步骤	示教器界面
6) 确定修改后, 在弹出的"系统"对话框中单击"是"按钮	
7) 重启后, 在主菜单中选择"校准"	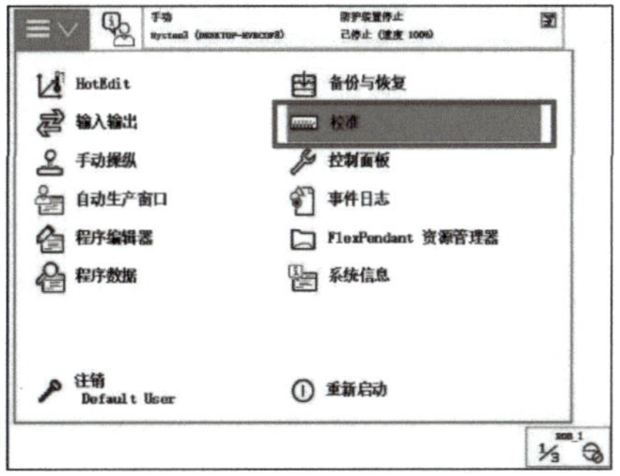
8) 单击"ROB_1 校准"	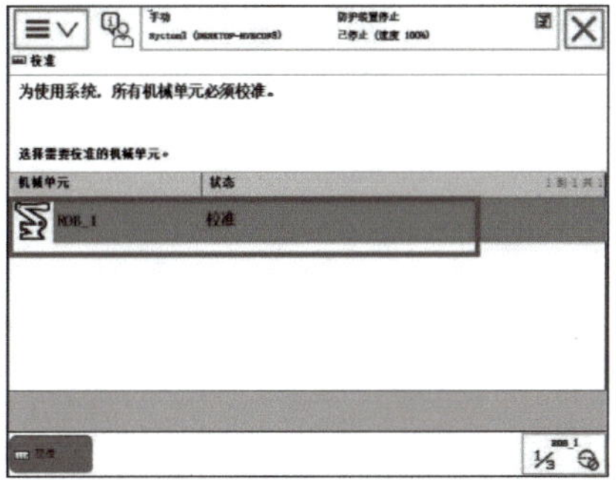

三、ABB 工业机器人指令

只要编码器和电机、电机和机械本体没有被拆卸,零点位置的编码器反馈值都是不会变化的。如果有人误修改,可以通过示教器把标签上的值输入并重启工业机器人系统,来修正工业机器人绝对零点位置。

如果在工业机器人电机拆装过后,此时原有绝对零点位置信息已经不准确,此时要保证零点位置绝对正确,要联系 ABB 公司售后人员使用仪器来重新标定。

但是如果现场要求不高,也可在拆卸工业机器人电机前移动到绝对零点位置(示教器显示 0),在对应轴画细线做标志,更换电机后,把该位置作为绝对零点位置。然后单击如图 10-3 所示界面中的"微校",校准后,该轴数据即显示为 0.0,如图 10-4 所示。

ABB 机器人微校

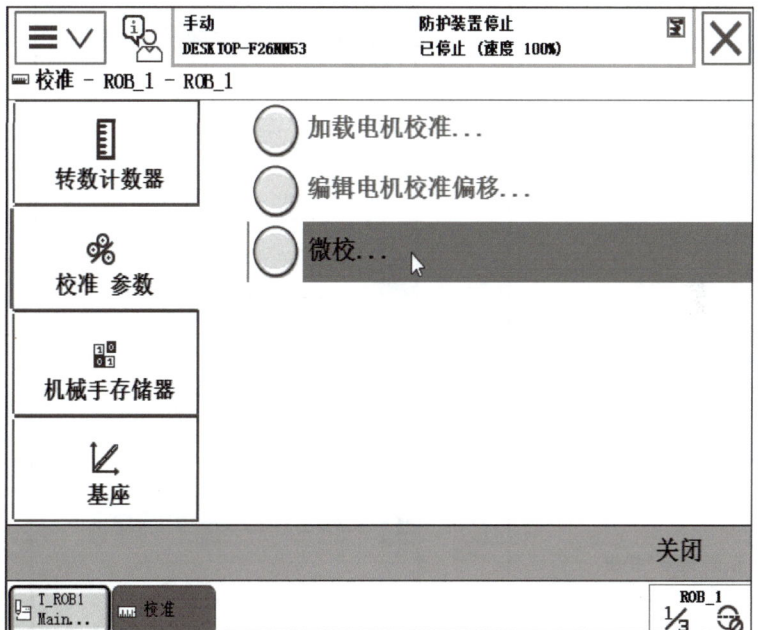

图 10-3 "微校"界面

· 153 ·

（续）

操作步骤	示教器界面
9）选择"转数计数器"，再单击"更新转数计数器"	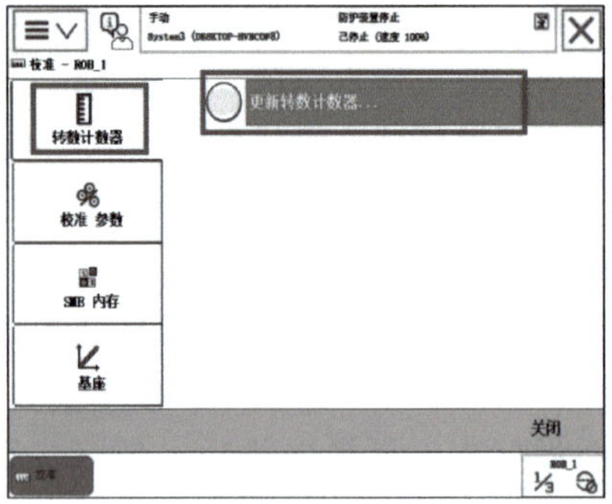
10）在"警告"对话框中单击"是"按钮	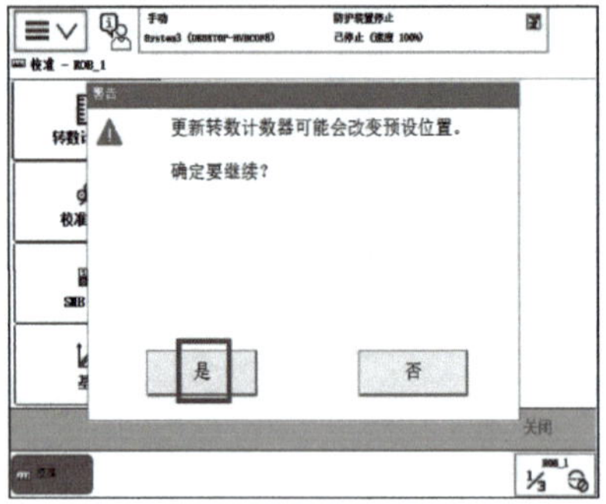
11）单击"确定"按钮	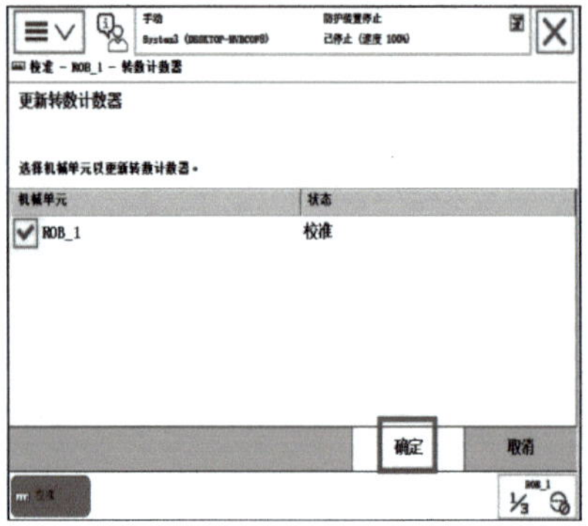

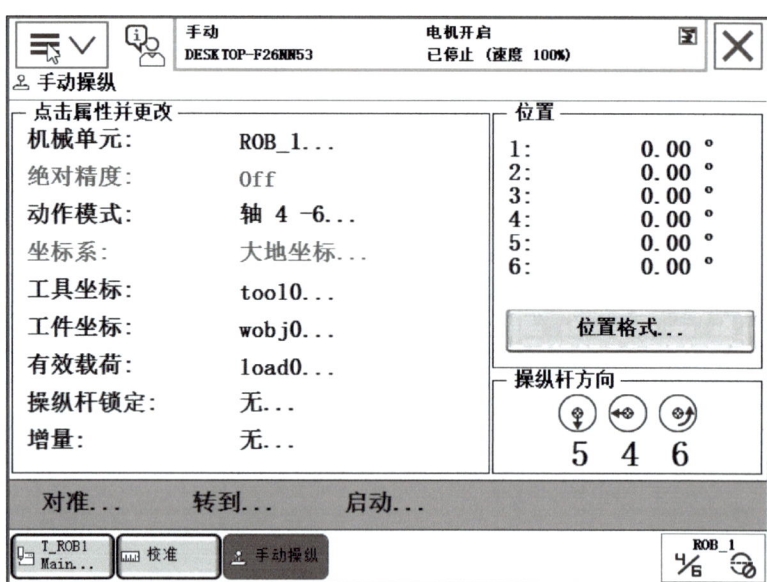

图 10-4 最终位置界面

（续）

操作步骤	示教器界面
12）单击"全选"按钮,然后单击"更新"按钮。如果工业机器人由于安装位置的关系,无法6个轴同时到达机械原点刻度位置,则可以逐一对关节轴进行转数计数器更新	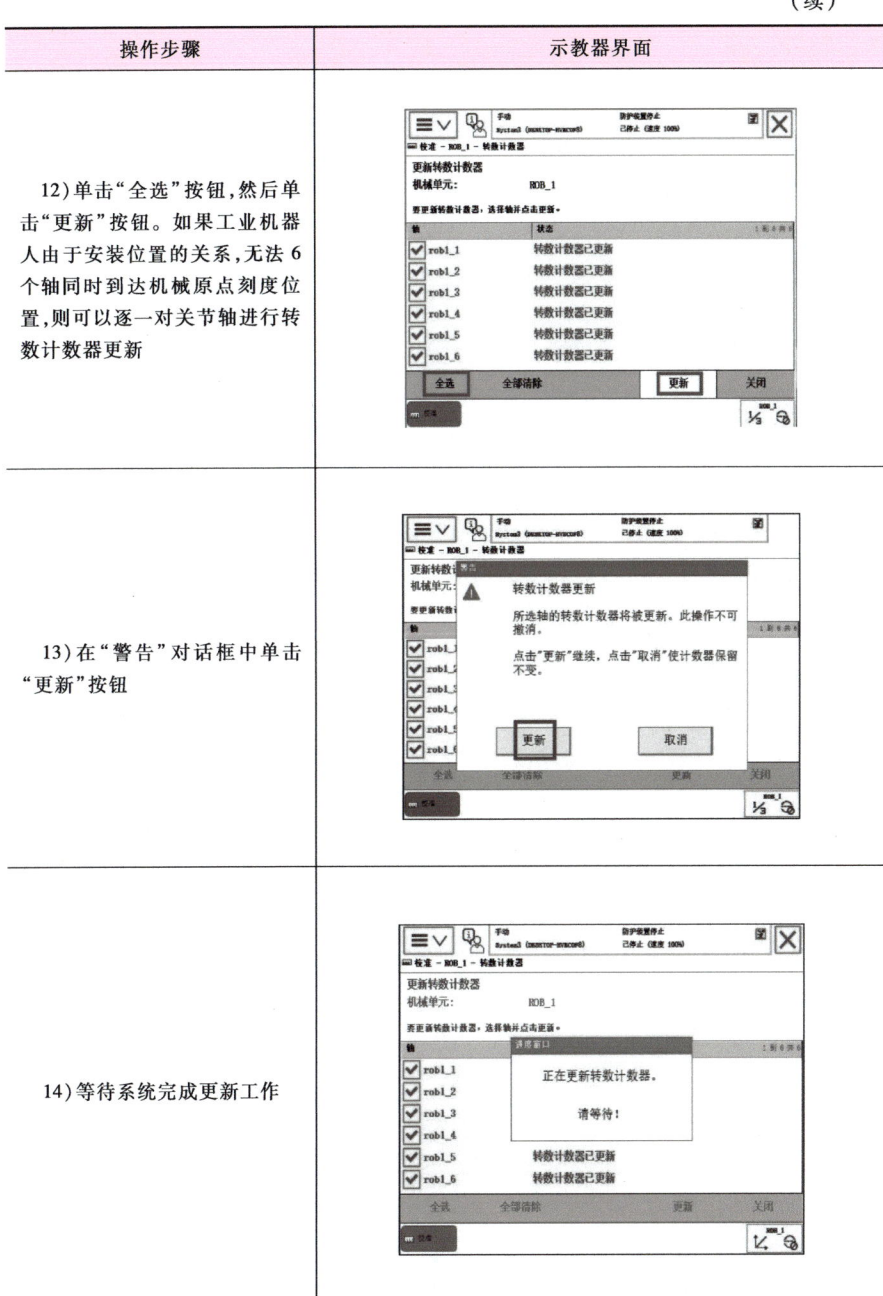
13）在"警告"对话框中单击"更新"按钮	
14）等待系统完成更新工作	

(续)

操作步骤	示教器界面
15)操作完成后,转数计数器更新完成,在"更新转数计数器"对话框中单击"是"按钮	转数计数器更新已成功完成。

任务一测评

1. 知识测评

确定本任务关键词,按重要程度进行关键词排序并举例解读。

根据自己对重要信息的捕捉、排序、表达、创新和划分权重的能力进行自评,满分 100 分,见表 10-2。

表 10-2 转数计数器更新知识测评表

序号	关键词	举例解读	评分自定
1			
2			
3			
4			
5			
		总分	

2. 能力测评

完成表 10-3 所列作业内容评分,操作规范可得分,操作错误或未操作得零分。

表 10-3 转数计数器更新能力测评表

序号	能力点	配分	得分
1	识别机械零点	50	
2	更新转数计数器	50	
	总分	100	

3. 素养测评

完成表 10-4 所列素养点评分,做到可得分,未做到得零分。

表 10-4 转数计数器更新素养测评表

序号	素养点	配分	得分
1	学习纪律	20	
2	操作过程规范	20	
3	严谨认真、一丝不苟精神	20	
4	互相帮助、团队精神	20	
5	学习环境符合"8S"管理要求	20	
	总分	100	

4. 拓展训练

进行微校操作,并写出微校的具体操作步骤。

任务二　工业机器人电池检查及更换

工业机器人电池维护

步骤一：检查电池电压

打开示教器主菜单，单击"系统信息"，如图10-5所示。

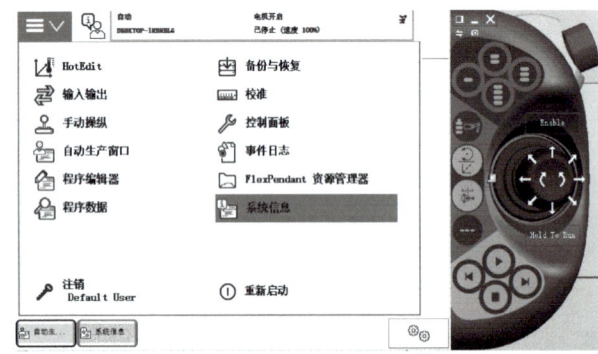

图10-5　调用"系统信息"

查看电压水平，若电压不够则更换CMOS电池，如图10-6所示。

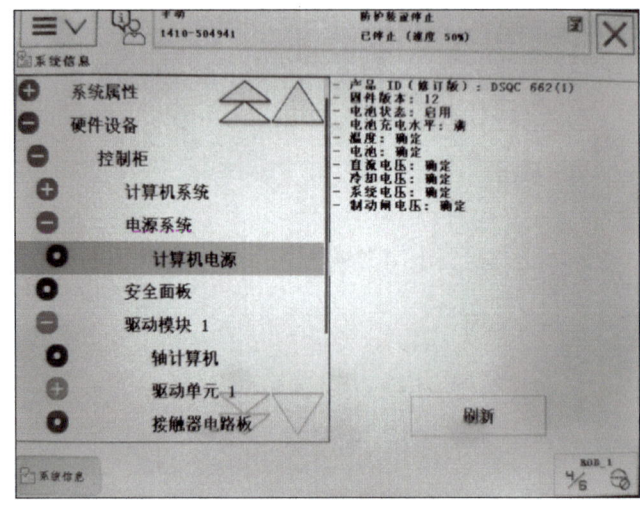

图10-6　电压水平信息

相关知识

一、工业机器人的电池

ABB工业机器人在关掉控制柜电源后，6个轴的位置数据是由电池提供电能并进行保存的，所以在电池即将耗尽之前，需要对其进行更换，否则每次主电源断电后再次通电，就要进行工业机器人转速计数器更新的操作。电池组的位置如图10-7所示。

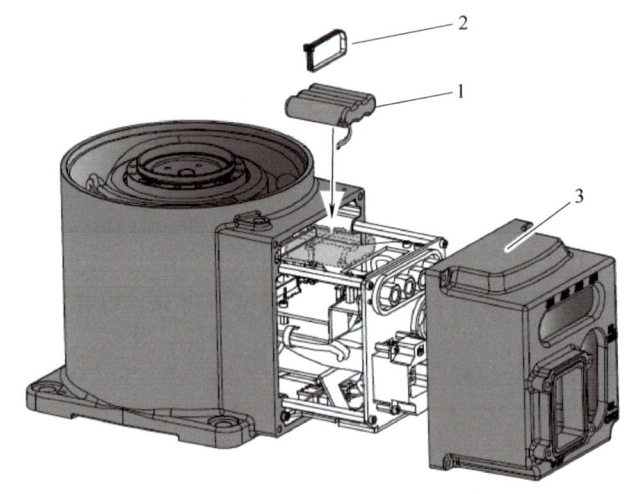

图10-7　电池组位置图

1—电池组　2—电缆带　3—底座盖

当工业机器人电源关闭，电池的剩余后备电量不足2个月时，将显示电池低电量警告，在示教器上显示"38213"电池电量低。如果工业机器人电源每周关闭2天，则新电池的使用寿命为36个月，而如果工业机器人电源每天关闭16h，则新电池的使用寿命为18个月。对于较长的生产中断，通过电池关闭服务例行程序可延长电池的使用寿命。

ABB工业机器人的SMB电池组如图10-8所示，其容量为7.2V。

当ABB IRB 120工业机器人需要更换电池时，将会显示电池低电量警告，即报警编号为38213，表示系统电池电量低，需要更换电池。

步骤二：更换电池步骤

更换电池需要用到梅花内六角扳手、绑扎带、斜口钳和ABB电池。更换电池前，务必让工业机器人返回零点位置，可以通过程序控制或者手动回零。断电更换电池后要进行转数计算器更新。

具体操作步骤如下：

第一步：将工业机器人所有关节回零，对准每个关节的零点位置标志，不一定非要0°。

第二步：在工业机器人通电的情况下，卸下连接螺钉从工业机器人上卸下底座盖，断开电池电缆与编码器接口电路板的连接。在拔插头时，将卡扣按下，不要强制拔插头。新手可以断电更换，更换完后再进行转数计算器更新的操作即可。

第三步：用剪刀剪掉绑扎带，拆下旧电池。

第四步：装上新电池，并用绑扎带固定，用剪刀剪下多余的绑扎带。将电池电缆与编码器接口电路板相连。用连接螺钉将底座盖重新安装到工业机器人上。

第五步：如果在通电状态下更换电池，转数计数器不需要更新，可继续使用工业机器人。如果断电的情况下更换电池，请更新转数计数器。

第六步：更新转数计数器，通过"菜单→校准→转数计数器更新→选择全部→更新"操作完成更新。

注意：更换电池前，务必将工业机器人回零，可以通过程序控制或者手动回零。

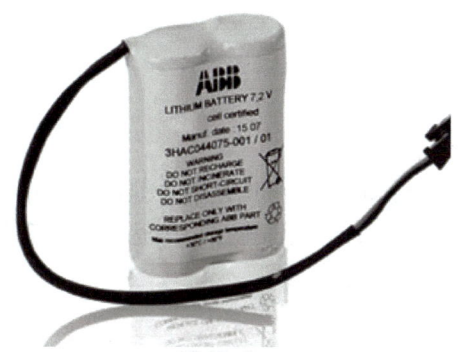

图10-8　ABB工业机器人的SMB电池组

二、工业机器人电池维护注意事项

打开控制柜前，必须关闭电源，确保在无电的情况下进行相关操作。维护完后，确认所有模块完好后再对控制柜进行上电。

维护人员需注意安全，严格按照规范步骤进行操作，以免造成人身伤害或者设备损坏。在工业机器人工作范围内严禁放置任何杂物，以免发生意外。

更换电源配电板过程中需注意：

1）配电板装置顶部的表面很热，卸除装置时应小心谨慎，避免烧伤。

2）请勿在配电板顶部输送或放置电缆。

更换I\O电源板过程中需注意：

1）如果有两个或多个I/O电源单元安装在一排，I/O电源之间安装不能太近，否则会影响散热，造成各个单元损坏，为避免出现此类问题，单元I/O电源之间必须分离。

2）由于静电可能会损坏控制柜内部的敏感部件，所以在控制柜内部操作时必须佩戴静电放电保护手环。

3）安装完毕后，要轻轻摇晃每个接线头，查看是否有松动，若松动需拔下重插，确保安装牢固。

任务二测评

1. 知识测评

确定本任务关键词，按重要程度进行关键词排序并举例解读。

根据自己对重要信息的捕捉、排序、表达、创新和划分权重的能力进行自评，满分100分，见表10-5。

表10-5　工业机器人电池检查及更换知识测评表

序号	关键词	举例解读	评分自定
1			
2			
3			
4			
5			
		总分	

2. 能力测评

完成表10-6所列作业内容评分，操作规范可得分，操作错误或未操作得零分。

表10-6　工业机器人电池检查及更换能力测评表

序号	能力点	配分	得分
1	工业机器人电池检查方法	40	
2	工业机器人电池更换方法	60	
	总分	100	

3. 素养测评

完成表10-7所列素养点评分，做到可得分，未做到得零分。

表10-7　工业机器人电池检查及更换素养测评表

序号	素养点	配分	得分
1	学习纪律	20	
2	操作过程规范	20	
3	严谨认真、一丝不苟精神	20	
4	互相帮助、团队精神	20	
5	学习环境符合"8S"管理要求	20	
	总分	100	

4. 拓展训练

按照以下步骤，进行SMB电池内存校准操作。

通过"ABB主菜单→校准→选择ROB-1→SMB内存显示状态"，选择ROB_1后进行确认，进行更新操作。

任务三　工业机器人故障代码查询

工业机器人故障查询及处理

查询故障代码及处理对策步骤

查阅相关手册，针对实训中出现的故障代码对照表 10-8 中进行分析，并解决问题。

表 10-8　故障代码对照表

报警编号	简要报警内容	可能原因	处理对策
10013	紧急停止状态	工业机器人急停按钮被按下	处理故障，外部设备给予工业机器人急停信号使系统出现故障
10014	程序硬件故障状态	程序或参数设置错误硬件故障	重新启动，如果无效，请尝试恢复到出厂设置；根据系统信息提示进行硬件的诊断和更换
10039	SMB 电池组内存不正常	SMB 电池组上数据和控制柜之间的数据不匹配	将 SMB 上数据和控制柜之间的数据匹配
10095	至少一项任务未选定	多任务处理时，至少有一个任务不能正常启动	所有任务设置正确，可在全功能快捷键处查看，之后再运行
10354	由于系统数据丢失，恢复被终止	上次关机时未正常保存数据	关机时要正常保存数据
20032	转数计数器未更新	电池没电，上次非正常关机，SMB 电池组故障	注意电池电压正常；保证正常关机；维修 SMB 板
20106	备份路径	备份路径错误	更改正确备份路径
20197	磁盘存储空间严重偏低	磁盘空间太少	检查是否有多个系统，检查是否有过多程序文件，删除不需要的文件
90212	双通道故障	双通道运行链未同时断开	检查接线、继电器、外部设备信号，双通道要求同时断开

相关知识

一、ABB 工业机器人故障代码编码规则

ABB 工业机器人故障代码编码规则见表 10-9。

表 10-9　ABB 工业机器人故障代码编码规则

编号	信息类型	描述
1xxxx	操作	系统内部处理的流程信息
2xxxx	系统	与系统功能、系统状态相关的信息
3x00x	硬件	与系统硬件、工业机器人本体以及控制器硬件有关的信息
4xxxx	RAPID 程序	与 RAPID 指令、数据等有关的信息
5x0xx	动作	与控制机器人的移动和定位有关的信息
7x0xV0	通信	与输入和输出、数据总线等有关的信息
8x0xx	用户自定义	用户通过 RAPID 定义的提示信息
9xx	功能安全	与功能安全相关的信息
12xxxx	配置	与系统配置有关的信息
13xxxx	喷涂	与喷涂应用有关的信息
15x0x	RAPID	与 RAPID 相关的信息
17xxx	远程服务	远程服务相关的信息

二、ABB 工业机器人图标含义

ABB 工业机器人在机器人本体、控制柜和说明书上图标的具体含义见表 10-10。

(续)

报警编号	简要报警内容	可能原因	处理对策
20600	非正式的 RobotWare 版本	系统为测试版本	更新系统为正式版本
34402	直流链路电压过低	直流链路电压过低,瞬间压降较大	保障直流链电压正常
37001	电动机开启(ON),接触器启动错误	1)控制柜线路松动 2)控制柜内部白色旋钮是否在正确的位置	检查接入电压是否过低、正确接线、更换电源板
39403	转矩回路电流不足	搬运时,卸下了电缆,再次连接时,把插头上一支针扭曲了	修正扭曲插头上歪曲的针
39472	输入电源相位缺失	整流器检测到某一相位出现功率损失	检查接入电压是否过低、正确接线、更换电源板
39520	与驱动模块的通信	轴计算机故障	更换
39522	轴计算机未找到	轴计算机故障	更换
41439	未定义的载荷	载荷的重心偏移设置错误	重心偏移 X、Y、Z 数值不能同时为 0,正确定义重心偏移位置点
50024	转角路径故障	最后一个移动指令转弯数据 ZONEDATA 未设为 FINE	将移动指令转弯数据 ZONEDATA 设为 FINE
50050	位置超出范围	在原点不正确的情况下移动工业机器人时发现此现象	重新校准机械零点
50174	WobJ 未连接	工业机器人 TCP 无法与工件协动	检查工业机器人 TCP 数据,并更正
50416	电动机温度警告	电动机温度过热	检查电动机刹车,优化程序
71058	与 I/O 单元通信失效	1)通信单元未供电 2)I/O 总线连接错误 3)I/O 单元硬件故障	首先检查 I/O 单元供电,从电源配电板开始测量,检查总线连接
71058	与 PROFIBUS 通信失效	发生故障的 ROBOTWARE 的版本是 5.10.02	建议升级到最新的 ROBOTWARE 版本
71300	DeviceNet 通信错误	未正确连接终端电阻	检查 DeviceNet 总线的终端电阻,大小为 120Ω

表 10-10 机器人本体、控制柜和说明书上图标的具体含义

图标	类型	图标含义
 i	提示	将提示信息记录到事件日志中,但是并不要求用户进行任何特别操作
 ⚠	警告	用于提醒用户系统上发生了某些无须纠正的事件,操作会继续。这些消息会保存在事件日志中
 ✕	出错	系统出现了严重错误,操作已经停止。需要用户立即采取行动对问题进行处理

任务三测评

1. 知识测评

确定本任务关键词，按重要程度进行关键词排序并举例解读。

根据自己对重要信息的捕捉、排序、表达、创新和划分权重的能力进行自评，满分100分，见表10-11。

表10-11　机器人故障代码查询知识测评表

序号	关键词	举例解读	评分自定
1			
2			
3			
4			
5			
		总分	

2. 能力测评

完成表10-12所列作业内容评分，操作规范可得分，操作错误或未操作得零分。

表10-12　机器人故障代码查询能力测评表

序号	能力点	配分	得分
1	故障代码编码规则	20	
2	图标信息含义	20	
3	故障代码查询	60	
	总分	100	

3. 素养测评

完成表10-13所列素养点评分，做到可得分，未做到得零分。

表10-13　机器人故障代码查询素养测评表

序号	素养点	配分	得分
1	学习纪律	20	
2	学习认真态度	20	
3	严谨认真、一丝不苟精神	20	
4	互相帮助、团队精神	20	
5	学习环境符合"8S"管理要求	20	
	总分	100	

4. 拓展训练

在网络上查询发那科（FANUC）工业机器人的故障代码及对应处理策略。

拓展阅读——工业机器人的维修与保养

工业机器人具有效率高、稳定性和可靠性好、重复精度高等优势，目前各个制造工厂已大量引入工业机器人。工业机器人在制造业大规模使用，使得工业机器人领域具有综合素质的高技能型人才十分紧缺，难以满足工业机器人行业发展的需求。工业机器人管理与维护保养是一个新型技术，不仅要求管理维护人员掌握工业机器人技术基本理论，还要求他们掌握工业机器人安装、调试、系统编程和维护保养等技能。

工业机器人管理与维护保养的目的是降低工业机器人的故障率和减少停机时间，充分利用工业机器人最大限度地提高生产效率。所以工业机器人的管理与维护保养在企业生产中尤为重要，直接影响到整个自动化系统的寿命，必须精心维护和保养。工业机器人管理与维护人员必须经过专业培训，具备安全操作知识，并且严格按照维护计划来执行。工业机器人的维护与保养主要包括例行维护和一般性保养。例行维护分为控制柜维护和工业机器人本体系统的维护。一般性保养是指工业机器人操作者在开机前，对设备进行检查，确认设备的完好性以及机器人的原点位置，在工作过程中注意工业机器人的运行情况，包括油标、油位、仪表压力、指示信号、保险装置等，在工作结束后清理、整理现场，清扫设备。

由于工业机器人技术是一门综合性学科，需要跨专业知识运用的能力，所以读者可以从工业机器人基本原理及其应用和编程、工业机器人的日常管理、机械结构与电气控制系统的故障诊断、工业机器人的维护保养这几个方面进行学习，努力提高职业技能，切实做好检修维护工作，丰富故障判断及维护的经验。

参 考 文 献

[1] 蒋正炎，郑秀丽. 工业机器人工作站安装与调试：ABB［M］. 北京：机械工业出版社，2017.
[2] 叶晖. 工业机器人工程应用虚拟仿真教程［M］. 北京：机械工业出版社，2023.
[3] ABB（中国）有限公司. ABB机器人操作手册：中文版［Z］. 2009.
[4] 全国自动化系统与集成标准化技术委员会. 工业机器人、机械手国家标准：GB/T 12644—2001［S］. 北京：中国标准出版社，2001.
[5] 全国自动化系统与集成标准化技术委员会. 机器人与机器人装备 工业机器人的安全要求 第2部分：机器人系统与集成：GB 11291.2—2013［S］. 北京：中国标准出版社，2013.
[6] 全国自动化系统与集成标准化技术委员会. 教育机器人安全要求：GB/T 33265—2016［S］. 北京：中国标准出版社，2016.
[7] 亚龙智能装备集团股份有限公司. YL-399A机器人实训指导书［Z］. 2019.
[8] 北京华航唯实机器人科技股份有限公司. CHL-DS-01型工业机器人PCB异形插件工作站实训指导书［Z］. 2019.